ライブラリ 新数学基礎テキスト **TK6**

ガイダンス
離散数学

基礎から発展的な考え方へ

中本敦浩・小関健太 共著

サイエンス社

● 編者のことば ●

　本ライブラリは理学・工学系学部生向けの数学書である．世の中での数学の重要性は日々高まっており，きちんと数学を学んだ学生の需要は大きい．たとえば最近人工知能の進歩が大きな話題となっており，ディープラーニングの威力が華々しいが，ディープラーニングの基礎は高度に数学的である．また次世代のコンピュータとして，量子コンピュータへの期待が大きいが，ここにも最先端の数学が使われている．もっと基礎的な話題としては統計学の知識が多くの社会的な場面で必須となっているが，統計学をきちんと理解するのには高校レベルの数学では全く不十分である．現在の文明を維持し，さらに発展させていくためには多くの人が大学レベルの数学を学ぶことが必要である．

　このように大学基礎レベルの数学の必要性が高まっているところであるが，そのような数学をしっかり学ぶことは容易ではない．様々な新しいディジタルメディアが登場している現代だが，残念ながら数学を簡単にマスターする方法は開発されていないし，近い将来開発される見込みもない．結局は講義を聴いたりすることに加えて，自分で本を読み，手を動かして論理を追って計算を体験する以上の方法はないのである．私が大学生だった頃に比べ，大学の数学の講義のスタイルには大きな変化があり，一方的に抽象的な証明だけを延々と続けるという教員はほぼいなくなったであろう．このように講義スタイルは昔よりずっと親切になっていると思うが，学びの本質的なポイントには変化はないと言ってよい．

　しかしそのような勉強のための本にはまだ様々な工夫の余地がある．これがすでに多くある教科書に加えて，本ライブラリを世に出す理由である．各著者の方々には，豊富な教育経験に基づき，わかりやすい記述をお願いしたところである．本ライブラリは前に私が編者を務めた「ライブラリ　数学コア・テキスト」よりは少し高めのレベル設定となっている．本ライブラリが数学を学ぶ大学生の皆さんの良い助けになることを願っている．

　2019 年 9 月　　　　　　　　　　　　　　　　　編者　河東泰之

●まえがき●

　「離散」とは飛び飛びのもののことであり，「連続」の対義語である．例えば，自然数・整数は離散的なものの代表例で，そのようなものを対象にしている数学の総称が離散数学である．

　高校数学では連続的な関数がメインで扱われ，特にその微分・積分が重要視されている．それらが理工学の多くの分野で重宝されており，重要なことは間違いないが，多くの数学的基礎は離散的に扱われる集合・写像・関係などに置かれている．また，コンピュータサイエンスの文脈からも，そういった離散的な考え方の重要さが増しているため，「離散数学」や類似の講義が多くの大学の理工系の学部において初年次科目として設定されており，数学全体における基礎概念を習得する機会を与えている．本書の前半は，著者らのそのような目的の講義内容を基に，論理・集合・写像・関係などの集合論とその演習を扱っている．特に，各章の最後の演習問題では，機械的に作業するだけでは解けず，問題の本質をつかむ必要があるような，手ごたえがある問題も用意している．各自でしっかり考えて取り組んでほしい．

　一方，専門分野としての「離散数学」は，「グラフ理論」を中心に興味深い内容で溢れている．グラフ理論以外にも，代数，幾何によった話題なども多く存在している．そして，それらの学習はある程度独立に行うことができ，「何かを知らなければ次に進めない」というような束縛があまり多くない．本書の中盤では，グラフ理論の基礎と有名な話題を数コマの講義で扱えるように圧縮をした．本書の序盤で準備した数学の知識で十分に読むことができるので，しっかりとした理解をすべく学習に取り組んでほしい．

　そして，本書の終盤では，離散数学の考え方に焦点をあてて，数学における問題解決が楽しめるようないくつかの教材を置いた．この部分は，専門的な数学の知識を深めるものというより，ある程度，リクレーショナルな内容と感じられるかもしれない．しかしながら，それらのどの問題においても，膨大な計算を用いて答えが出ればよいというのはなく，問題が扱っている現象の数学的構造，その答えの数学的意味，さらには，問題解決までの過程や解決手段の妥当性などについて，深い学びを促すようなものとなっている．読者にはこの

ような数学の内容について，仲間と議論をして，さらなるよい理解を目指したり，その先にあるいろいろな問題を考えたりしてほしいと考えている.

　私たちは長年，離散数学の研究に従事しているが，最先端のグラフ理論研究において，上で紹介したリクレーショナルな数学の中で用いられる「数学的洞察力」であるとか，問題の「解決手法」などが十分に役に立っていると言いたい．さらに言うと，上記のリクレーショナルな内容は，「離散数学独特の考え方」が凝縮された問題であり，高校生でもわかるような内容であるが，とても面白く，興味深い問題であり，かつ，教育的にも価値が高いものになっている．実際に，著者たちはこのような内容を講義でもしばしば扱っているが，上述のような解答を精錬するプロセスは，受験慣れした学生にはたいへん新鮮で有意義なものとなっているように感じる．ただし，その内容は彼らにとって，決して簡単ではないようである.

　本書は，大学の初年次で用いることを想定した教科書であるが，上記のように，離散数学の独特な発想や手法を紹介したものでもある．したがって，当該分野のいろいろな知識や概念の紹介にとどまることなく，そこで使われている数学的意味を理解したり，興味深い考察などができるような問題をある程度深く学習できる構成にした．この本のみで離散数学の内容のすべてをカバーしているわけではないが，離散数学の勉強や研究への入口として，ぜひとも役に立ててほしいと考えている.

　また，本書は，離散数学の教科書でよくあるような，代数の基礎やオートマトンのような内容は扱っていない．浅く広く，辞書代わりに使える本ではなく，上記の内容を理解して教科書として利用してほしい.

　最後に，サイエンス社の田島伸彦様，鈴木綾子様，西川遣治様には継続的なサポートや助言をいただき，たいへんお世話になりました．このような本を同社より出版することができて，たいへん嬉しく思っています.

2023 年 3 月

中本敦浩・小関健太

目　　　次

サイエンス社のホームページのご案内

https://www.saiensu.co.jp

ご意見・ご要望は　rikei@saiensu.co.jp　まで

第1章

論　　　理

　　論理は数学のみならず，すべての学問の基礎であり最重要なものである．これについては，今までの学校の勉強でも日常生活でも知らず知らずのうちに学習してきたはずだが，きちんと基礎ができていないと結論を誤ることがある．例えば，

　　　　「円周率 π も自然対数 e も無理数なので $\pi + e$ も無理数である」

という文はどうだろうか．正しいように思えるかもしれないが，この議論を許してはならない．例えば π と $4 - \pi$ は両方とも無理数だが，その和の 4 は有理数である．このような間違いをせずに正しい議論を行うため，本章では論理を確認しよう．なお，上の命題は未解決問題で，$\pi + e$ が無理数であるかどうかは 2023 年 2 月現在で判明していない．

1.1　命題の演算と論理式

1.1.1　命　　　題

　　正しいか誤っているかが明確に定まっている文章や式のことを**命題**という．また，正しい命題を**真**（または true, T）といい，誤っている命題を**偽**（または false, F）という．例えば，

- 「ドイツの首都はベルリンだ」は真の命題である．
- 「$1 + 3 = 5$」は偽の命題である．
- 「富士山（3,776 m）は高い」は命題ではない．

　　最後のものは真の命題のような気もするが，そうだとすると「高尾山（599 m）は低いのか」しかし「横浜ランドマークタワー（296 m）は高そう」など，問題が発生してしまう．高い・低いは主観的なものなので命題とは呼ばない．一方で，

「富士山（3,776 m）は横浜ランドマークタワー（296 m）よりも高い」

は真の命題である．また，

「$\pi + e$ が無理数である」

は未解決問題で真偽は判明していないが，真か偽のどちらかであることは明確
に定まっているため命題である．

問題 1.a　次のそれぞれは命題だろうか．また，命題ならばその真偽を求めよ．
(1)　今日は暑い．
(2)　「今日は暑い」は命題である．
(3)　「『今日は暑い』は命題である」は命題である．

　いくつかの文章を組合せて複雑な物事を説明できるように，命題も同じよう
にすれば複雑な議論ができるようになる．そのように，いくつかの命題から新
しい命題を作る操作を，**命題の演算**と呼ぶ．以下では，基本的な演算を紹介し
よう．

1.1.2　命 題 の 否 定

　言葉では，語尾を「〜である」から「〜ではない」と変えれば意味が反対に
なるが，これを命題に行うことが命題の否定である．正確には，命題 P に対
し，P の真偽を反転させた命題を P の**否定**といい，$\neg P$ と書く．例えば，

「1 は 2 より大きい」

は偽の命題だが，その否定である

「1 は 2 より大きくない」

は真の命題となる．このように P の真偽によって命題 $\neg P$ の真偽が決まるが，
それを表すためには，表 1.1 にある**真理値表**を用いるのが便利である．なお，
T は真の命題を，F は偽の命題を表す．

表 1.1　否定 $\neg P$

P	$\neg P$
T	F
F	T

1.1.3　命題の論理積と論理和

2つの命題 P と Q に対し，"その両方が成り立つか" や "少なくとも片方が成り立つか" を考えたい場面が多くある．例えば，「『$\pi + e$ が無理数である』または『$\pi + e$ が有理数である』」という命題は，$\pi + e$ が無理数であっても有理数であっても真となる．このような状況は，次で述べる論理積や論理和によって表現できる．

命題 P と Q に対し，P と Q の両方が真のとき，かつそのときに限り真である命題を P と Q の**論理積**といい，$P \wedge Q$ と書く．言葉では「P かつ Q」と読むとよい．

また，命題 P と Q に対し，P と Q の少なくとも一方が真のとき，かつそのときに限り真である命題を P と Q の**論理和**といい，$P \vee Q$ と書く．言葉では「P または Q」と読むとよい．ただし，言葉の「または」は，「どちらか一方のみ」の意味となることもあるが，論理では両方とも真の可能性があることに注意してほしい．例えば，

「次回か次々回の講義でテストをする」

と言われた場合は，普通は 2 回連続でのテストは想定しないだろうが，論理ではその可能性を排除しない．そのため，2 回連続でテストがあったとしても「ウソつきだ」と非難してはいけない．

これらの論理積・論理和も，表 1.2 にある真理値表で表せる．

表 1.2　論理積 $P \wedge Q$ と論理和 $P \vee Q$

P	Q	$P \wedge Q$	$P \vee Q$
T	T	T	T
T	F	F	T
F	T	F	T
F	F	F	F

1.1.4　命題の含意と同値

次は，言葉の「ならば」の論理における役割について考えるが，論理では，日常会話との意味に差が生じているため注意してほしい．例えば，「雨が降ったならば，遠足は中止である」という文 P を考えよう．この文を見ると，表 1.3 のように考えるのが普通であると思う．

表 **1.3**　文 P の日常会話での解釈

	遠足決行	中止
雨が降る	文 P に反する	文 P に合う
雨が降らない	普通は文 P に合っていると思う	普通は文 P に反すると思う

しかし，文 P は雨が降ったときのことのみを述べていて，雨が降らなかったときのことは何も言っていないことに注意したい．"普通は"のような考えは個人差があって間違いの原因になるため，論理でははっきりと書かれていることのみを対象にする．この場合は，

　　　「雨が降ったにも関わらず遠足が決行される」

ときのみが，はっきりと文 P に反していると言える．

　これを正確に述べたものが，命題の含意である．命題 P と Q に対し，P が真で Q が偽のとき，かつそのときに限り偽である命題を**含意**といい，$P \rightarrow Q$ と書く．言葉では「P ならば Q」と読むとよいが，P が偽のときには $P \rightarrow Q$ は真の命題であることには注意してほしい．例えば，

　　　P が「$1 < 2$」，Q が「$1 + 1 = 3$」

という命題をそれぞれ表すとき，P は真，Q は偽の命題なので，

　　　$P \rightarrow Q$ は偽，$Q \rightarrow P$ は真の命題

となる．これは，上で述べたように，「はっきりと誤っているときのみを偽とする」という考え方によるものである．

　この考え方は言葉の直観に反しているため，慣れないと難しく感じると思う．上の他にも次のような例もある．大学の講義で，

　　　「評点が 60 点未満ならば，成績は不可」

と言われたとしよう．このとき，評点が 70 点で不可だったとしても論理的には誤っていない．しかし，学生からクレームがくるかもしれないので，

　　　「評点が 60 点未満ならば，成績は不可」のみではなく，

　　　「60 点〜69 点ならば可」，「70 点〜79 点ならば良」，$\cdots$

のように，明記すべきである．契約書や法律など，重要で正式なものでは，そのように明確に表記するよう尽力されているはずである．

　命題 P と Q に対し，P と Q の真偽が等しいとき，かつそのときに限り真で

ある命題を，P と Q の**同値**といい，$P \leftrightarrow Q$ と書く．含意と同値も表 1.4 のように真理値表で表せる．

表 **1.4** 含意 $P \to Q$ と同値 $P \leftrightarrow Q$

P	Q	$P \to Q$	$P \leftrightarrow Q$
T	T	T	T
T	F	F	F
F	T	T	F
F	F	T	T

命題 P と Q に対しての含意 $P \to Q$ において，P を**仮定**，Q を**結論**という．また，関連した命題はそれぞれ次のように呼ばれている．

- 命題 $Q \to P$ は，命題 $P \to Q$ の**逆**
- 命題 $\neg P \to \neg Q$ は，命題 $P \to Q$ の**裏**
- 命題 $\neg Q \to \neg P$ は，命題 $P \to Q$ の**対偶**

このうちの対偶は，元の命題と真偽が等しいことが知られている．これは 1.2.5 項で証明する．

ドイツの元サッカー選手のベッケンバウアーは，次のように言った．

「強い方が勝つのではない，勝った方が強い」

（「強い」は感覚的なものなので，これは正確には命題ではないが，ここでは命題と思って話を進めることにする．）これは「強いならば勝つ」は偽，「勝ったならば強い」は真であることを意味している．そのため，それぞれの対偶を考えれば，「負けるならば弱い」は偽，「弱いならば負ける」は真である．

問題 1.b 次の上杉鷹山の言葉を考える．

「(A) 為せば成る．(B) 為さねば成らぬ何事も．(C) 成らぬは人の為さぬなりけり」

(A) から見て，(B) と (C) は逆・裏・対偶のどれか．また，(A) の逆・裏・対偶で (B) でも (C) でもないものを述べよ．

注意 ここでは，「為す＝行動する」，「成る＝成功する」と考える．つまり何事に対しても，(A) 行動すれば成功する，(B) 行動しないならば成功しない，(C) 成功しないなら行動していないという意味である．

1.1.5　論理式とその真偽

　いくつかの命題とその演算によって得られた命題を**論理式**という．例えば，命題 P, Q に対し，$(P \lor Q) \to \neg P$ や $\neg Q \leftrightarrow (P \land Q)$ などが論理式である．なお，普通は $\neg$ が一番強制力が強いものとされ，$\neg Q \leftrightarrow (P \land Q)$ は，

$$(\neg Q) \leftrightarrow (P \land Q)$$

の意味であり，

$$\neg \Big(Q \leftrightarrow (P \land Q) \Big)$$

とは別の論理式である．$\neg$ 以外の論理記号に対しては，本書では優先順位を設けず，括弧を付けることで明確な論理式になるようにする．

　論理式の真偽は，命題 P や Q の真偽によって決まり，真理値表によって考えることができる．例えば，$(P \lor Q) \to \neg P$ という命題は，

$$\boxed{\left(\boxed{P} \lor \boxed{Q} \right) \to \boxed{\neg \boxed{P}}}$$

のようにパーツに分解できるので，P, Q から始めて $P \lor Q$ や $\neg P$ などの順番に，それぞれの演算の法則にしたがって，表 1.5 のように考えられる．

表 1.5　$(P \lor Q) \to \neg P$ という命題の真理値表

P	Q	$P \lor Q$	$\neg P$	$(P \lor Q) \to \neg P$
T	T	T	F	F
T	F	T	F	F
F	T	T	T	T
F	F	F	T	T

問題 1.c　命題 P, Q, R に対し，次の論理式の真偽を真理値表を作って答えよ．
(1)　$\neg Q \leftrightarrow (P \land Q)$
(2)　$(P \lor Q) \to (P \land \neg R)$

　どのような論理式も上のように真理値表を使えばその真偽が求められる．しかし，毎回これを行うことは面倒であるため，次節で説明する同値な変形を利用した証明が有用である．

1.1.6 必要条件と十分条件

命題 P, Q に対し，含意 $P \to Q$ が真の命題であるとき，特に，

$$P \Rightarrow Q$$

と書く．このとき，

- P は Q が成り立つための**十分条件**である，
- Q は P が成り立つための**必要条件**である

という．さらに，含意のときと同じく，命題 P を**仮定**，命題 Q を**結論**という．

$P \Rightarrow Q$ かつ $Q \Rightarrow P$ であるとき，P が Q であるための**必要十分条件**といい，特に，

$$P \Leftrightarrow Q$$

と書く．（このとき，Q は P であるための必要十分条件でもある．）これは後に述べるように，同値 $P \leftrightarrow Q$ が真の命題であることを意味しており，P と Q は**同値**であるという．

$\Rightarrow$ や $\Leftrightarrow$ の記号は，他の記号よりも優先度が低く，

$$P \Rightarrow P \land Q$$

は，

$$P \Rightarrow (P \land Q)$$

の意味で，

$$(P \Rightarrow P) \land Q$$

ではない．

ここで，必要条件と十分条件について，もう少し述べよう．高校数学の教科書では，必要条件と十分条件の定義の次に，

「$x < 2$ は，$x < -1$ であるための　　　条件　　である」

に適語を要求する問題が続く．実は，この問題は数学教員にとっても即答は難しいだろう．なぜならば，「必要」と「十分」の意味が取りにくいため，上の定義に基づいてチェックしなければならないためである．一方で，次の問題はどうだろうか．

┌─ **例題 1.1** ───────────────────────────────

　男女合計で m 人の生徒を,「男子 2 人と女子 1 人」もしくは「女子 2 人と男子 1 人」に, 仲間はずれがないように, グループ分けしたい. 以下のそれぞれは, そのグループ分けが可能であるためのどのような条件であるか. 必要条件, 十分条件, 必要十分条件のうち, 最も適当なものを答えよ.

(1)　m が 3 の倍数である.

(2)　男子の人数と女子の人数の比が $1:2$ である.

(3)　男子と女子の人数が同数であり, ともに 3 の倍数である.

──

【解答】　(1) 必要条件.　(2) 十分条件.　(3) 十分条件.　　　　　□

　上の例題では,「条件をみたすグループ分けが存在するかどうか」という結論に焦点をあて, 個々の条件がその目標に対し「必要か」または「十分か」を考察しており, 日常での意味に対応させて必要条件や十分条件が考えられる. こう考えれば, 意味が取りやすいのではないだろうか. 必要条件や十分条件は後の章でも登場する. 特に, 第 8 章を参照してほしい.

　論理的な議論とは, 真である仮定から始め, $\Rightarrow$ や $\Leftrightarrow$ によって真である結論を導くことである. 例えば,

$$\int_0^1 x^{n-1} e^{-x}\, dx \;\leq\; \frac{1}{n}$$

を示したいならば,

$$0 \leq x \leq 1 \text{ である実数 } x \text{ に対し, } e^{-x} \leq 1 \qquad (\text{真の命題})$$
$$\Rightarrow \int_0^1 x^{n-1} e^{-x}\, dx \;\leq\; \int_0^1 x^{n-1}\, dx$$
$$\Leftrightarrow \int_0^1 x^{n-1} e^{-x}\, dx \;\leq\; \frac{1}{n}$$

とすればよい. 最初の命題が真であることや個々の $\Rightarrow$ や $\Leftrightarrow$ が真であることは別に議論が必要だが, それが示されたならば論理的な議論で結論が証明できたことになる.

1.2 恒 真 式

個々の命題の真偽によらず常に真である論理式を**恒真式**という．例えば，命題 P に対し，P が真であっても偽であっても $P \lor \neg P$ は真なので，$P \lor \neg P$ は恒真式である．

以下では，論理的な議論に利用できる便利な恒真式をいくつか紹介する．その他の恒真式は，巻末の付録を見てほしい．

1.2.1 二重否定の除去

恒真式の中で一番簡単で日常会話でも自然に利用するものが，否定の否定，いわゆる**二重否定**であろう．

　「この料理は美味しくないわけではない」

のような二重否定は論理的には「この料理は美味しい」とシンプルに言い換えることができる．このように命題 P の二重否定 $\neg(\neg P)$ は元の命題 P と真偽が一致する．すなわち，

$$\neg(\neg P) \leftrightarrow P$$

が常に真であるため，次が成り立つ．

$$\neg(\neg P) \Leftrightarrow P$$

これを正式に示すためには，論理式の真偽を考えるため真理値表を利用するのがよいだろう．実際に表 1.6 のように $P \to \neg(\neg P)$ も $\neg(\neg P) \to P$ も恒真式であることより，「$P \Rightarrow \neg(\neg P)$」かつ「$\neg(\neg P) \Rightarrow P$」，つまり $\neg(\neg P) \Leftrightarrow P$ が示される．また，真理値表の最後に加えた列にある命題 $\neg(\neg P) \leftrightarrow P$ が恒真式であることを示してもよい．

表 1.6　二重否定を表す真理値表

P	$\neg P$	$\neg(\neg P)$	$P \to \neg(\neg P)$	$\neg(\neg P) \to P$	$\neg(\neg P) \leftrightarrow P$
T	F	T	T	T	T
F	T	F	T	T	T

1.2.2 結 合 法 則

次の恒真式は，論理和や論理積の**結合法則**と呼ばれている．命題 P, Q, R に対し，

$$(P \vee Q) \vee R \Leftrightarrow P \vee (Q \vee R)$$

$$(P \wedge Q) \wedge R \Leftrightarrow P \wedge (Q \wedge R)$$

これらも真理値表で証明ができるが，当たり前のように思えるものであるため，その証明は省略する．

結合法則が成り立つので，例えば，$P \vee Q \vee R$ のように括弧を省略して書いたとしても，それが，$(P \vee Q) \vee R$ であろうとも $P \vee (Q \vee R)$ であろうとも，どちらでも同じ意味になる．したがって，本書では以降は $P \vee Q \vee R$ のように括弧をつけずに書くことにする．

1.2.3 ド・モルガンの法則

次の 2 つは**ド・モルガンの法則**という名前で知られる有名な恒真式である．命題 P, Q に対し，

$$\neg(P \vee Q) \Leftrightarrow \neg P \wedge \neg Q, \quad \neg(P \wedge Q) \Leftrightarrow \neg P \vee \neg Q$$

集合についてのド・モルガンの法則（2.1.5 項参照）が有名であるが，同じ感覚のものが論理においても成立する．例えば，P が「勉強する」，Q が「遊ぶ」のとき，$\neg(P \wedge Q)$ は「勉強もするし，遊びもする」の否定だが，それは「勉強しないか，または遊ばない」なので $\neg P \vee \neg Q$ を意味することになる．ド・モルガンの法則は，真理値表を用いれば証明できる．1 つ目のみ表 1.7 に示すが，2 つ目も同様に示せるため，気になる方は確認してほしい．

表 1.7　ド・モルガンの法則を示す真理値表

P	Q	$P \vee Q$	$\neg(P \vee Q)$	$\neg P$	$\neg Q$	$\neg P \wedge \neg Q$	$\neg(P \vee Q) \leftrightarrow \neg P \wedge \neg Q$
T	T	T	F	F	F	F	T
T	F	T	F	F	T	F	T
F	T	T	F	T	F	F	T
F	F	F	T	T	T	T	T

1.2.4　含意の言い換え

1.1.4 項で述べたように，含意 $P \to Q$ は言葉の「ならば」に対応するが，意味の差があってわかりにくい．そのため，次の言い換え（**含意の言い換え**）は頻繁に利用される．

$$P \to Q \Leftrightarrow \neg P \lor Q$$

これも真理値表で証明できる．

問題 1.d　上の論理式が恒真式であることを真理値表を作って示せ．

　例えば，命題 P が「雨が降る」，Q が「遠足は中止」であるとき，$P \to Q$ は「雨が降ったら遠足は中止」という命題である．一方で，$\neg P \lor Q$ は「雨が降らないか，または遠足は中止」という命題であり，$P \to Q$ と $\neg P \lor Q$ は同値となる．後者は，$\neg P \lor (P \land Q)$ の形の「雨が降らないか，または雨が降って遠足は中止」の方が意味は取りやすいと思う．真理値表を用いれば，これらが同値であることも示せる．

1.2.5　対 偶 の 法 則

1.1.4 項に登場した対偶は，元の命題と真偽が等しいことが知られている．それを表すものが次の恒真式（**対偶の法則**）である．

$$P \to Q \Leftrightarrow \neg Q \to \neg P$$

これも真理値表で証明できるが，ここでは恒真式を使った証明を紹介する．

[証明]　以下のように恒真式によって示す．（慣れるまでは，利用した恒真式を右に書くことにする．）

$$
\begin{aligned}
P \to Q &\Leftrightarrow \neg P \lor Q &&\text{（含意の言い換え）}\\
&\Leftrightarrow Q \lor \neg P &&\text{（論理和の交換法則）}\\
&\Leftrightarrow \neg(\neg Q) \lor \neg P &&\text{（二重否定の法則）}\\
&\Leftrightarrow \neg Q \to \neg P &&\text{（含意の言い換え）}
\end{aligned}
$$

これで，$P \to Q \Leftrightarrow \neg Q \to \neg P$ が証明できた．　　□

このように，恒真式を利用して同値な命題を得ることを繰り返せば，真理値表での証明よりも簡潔に証明ができる．ただし，使った恒真式が正しいことは別に示しておく必要がある．

なお，上の証明は清書したもので，これをいきなり書くことは難しいと思う．（特に，3 つ目の恒真式で二重否定をつけるところが難しい．）そのため，証明を得るための考え方を示しておく．これは今後の証明全般でも利用できるので，しっかり考えてほしい．

- まず，簡単にできるところを変換しよう．上の場合は，仮定の $P \to Q$ を，含意の言い換えで $\neg P \lor Q$ に変えることは考えられると思う．

- 仮定から得られた $\neg P \lor Q$ を見て何も思いつかないならば，結論からも攻めるべきである．結論の $\neg Q \to \neg P$ に対しても含意の言い換えを使えば，$\neg(\neg Q) \lor \neg P$ とできることはわかると思う．そして，この形を二重否定の法則を使って $Q \lor \neg P$ と変形することも，簡単にできるところを変換するものなので，見えるのではないだろうか．

- こうなれば，あとは仮定（スタート）からたどり着いた $\neg P \lor Q$ を，結論（ゴール）からたどり着いた $Q \lor \neg P$ に変換すればよい．

上の流れで証明が得られ，それを清書することで最初に書いた証明が得られる．いつでもうまくいくわけではないが，有用な考え方なのでしっかりと見てほしい．

問題 1.e　命題 P, Q, R に対し，次のそれぞれの命題を恒真式を用いて示せ．
(1) $(P \to Q) \land (P \to R) \Leftrightarrow P \to (Q \land R)$
(2) $(P \lor Q) \land \neg P \Leftrightarrow \neg P \land Q$

1.3　全称命題と存在命題

前節までの論理に加え，論理展開でよく登場する「すべての〜」「ある〜」という言葉に対応する論理を学習しよう．

1.3.1　命 題 関 数

変数を持っていて，その変数が決まると真偽が決まる（つまり，命題となる）文を**命題関数**という．例えば，n を自然数としたとき，

「n^2 は奇数である」

は命題関数で，$n = 1$ のとき真，$n = 2$ のとき偽，$n = 3$ のとき真，$\cdots$ のように，n の値に対応して真偽が定まっている．これを，$P(n)$ を「n^2 は奇数である」という命題関数としたとき，$P(1)$ は真，$P(2)$ は偽，$\cdots$ のように書くことにする．また，「$n + m$ が奇数である」のような 2 変数やそれより多くの変数の命題関数も考えられる．

なお，命題関数を "関数" と呼んでいるが，数字以外を扱うことも可能である．例えば，$Q(X, Y)$ が，

「X 県の県庁所在地は Y 市である」

という文を表すとき，$Q(神奈川, 横浜)$ は「神奈川県の県庁所在地は横浜市である」という真の命題となり，$Q(神奈川, 川崎)$ は偽，$Q(千葉, 千葉)$ は真，というように，変数 X と Y が決まると真偽が定まる．そのため，$Q(X, Y)$ は命題関数である．

1.3.2　全 称 命 題

例えば，$P(n)$ が「n^2 は奇数である」という命題関数であるとき，

「5 以下のすべての自然数 n に対し，n^2 は奇数である」

という偽の命題は，

$$P(1) \land P(2) \land P(3) \land P(4) \land P(5)$$

と表すことができるが，これでは長くなってしまう．さらに，「すべての自然数 n に対し，n^2 は奇数である」のように，対象が無限個の n となると，そも

そも論理積をつなげた形では書けなくなってしまう.

　上の状況に対応するために使われるものが,次の**全称記号** ∀ である.例えば,上の「5 以下のすべての自然数 n に対し,n^2 は奇数である」という命題を,

$$\forall n \in A, P(n)$$

と書く.ただし,$A = \{1, 2, 3, 4, 5\}$ としており,

$$\forall n \in A \text{ で,}\lceil A \text{ に属すすべての } n \text{ に対して}\rfloor$$

を意味している.(集合については第 2 章で扱う.)このように全称記号 ∀ を用いて述べている命題を**全称命題**という.

　場合によっては $\forall n \in A : P(n)$ と書かれることもあるし,n が A に属すことが文脈から判断できる場合には,$\forall n, P(n)$ のように省略されることもある.

　「すべての自然数 n に対し,n^2 は奇数である」は $\forall n \in \mathbb{N}, P(n)$ となる.(自然数全体の集合を $\mathbb{N}$ で表している.この記号は今後も使う.)この命題を表す言葉はさまざまなものがあり,例えば,

　　「任意の自然数 n について,n^2 は奇数である」

　　「どの自然数 n でも,n^2 は奇数である」

のようなものが挙げられる.また,全称命題と見えなくても,全称命題として表現できることもある.これについては,以下のような例が挙げられる.

- 「自然数 n に対し,$2n+1$ は奇数である」は $\forall n \in \mathbb{N}, (2n+1 \text{ は奇数})$
- 「2 以上の自然数 n は,n^2 が 4 以上となる」は $\forall n \in \mathbb{N}, (n \geq 2 \rightarrow n^2 \geq 4)$

1.3.3 存 在 命 題

　全称命題は,論理積を省略できる記号として紹介したが,同様のことが論理和でも考えられる.$P(n)$ が「n^2 は奇数である」という命題関数であるとき,

　　「5 以下のある自然数 n に対し,n^2 は奇数である」

という命題は,

$$P(1) \vee P(2) \vee P(3) \vee P(4) \vee P(5)$$

と書くことはできるが長くなるし，「ある自然数 n に対し，n^2 は奇数である」という命題は，無限個の n を対象にするため，すべてを書き下すことができない．そこで，全称記号 $\forall$ と同じように，**存在記号** $\exists$ が使われる．$\exists n \in \mathbb{N}$ で，「$\mathbb{N}$ に属すある n に対して」を意味しており，例えば，「ある自然数 n に対し，n^2 は奇数である」は，

$$\exists n \in \mathbb{N}, P(n)$$

と書かれる．このように存在記号 $\exists$ を用いて述べている命題を**存在命題**という．

これも対応する言葉がいくつかあり，例えば「少なくとも 1 つの自然数 n で～」や「～という自然数 n が存在する」なども同じ意味を表す．存在記号を使うと，以下のように表現できる．

- 「n^2 が 100 となる自然数 n が存在する」は $\exists n \in \mathbb{N}, n^2 = 100$
- 「3 以上のある自然数 n に対し，$3^n + 4^n = 5^n$ が成り立つ」は
  $\exists n \in \mathbb{N}, (n \geq 3) \wedge (3^n + 4^n = 5^n)$

問題 1.f 次の命題を，全称記号 $\forall$ または存在記号 $\exists$ を用いて述べよ．また，その真偽を求めよ．
(1) 方程式 $2x^2 - x - 1 = 0$ は自然数の解を持つ．
(2) 自然数 n に対し，$n^2 + 2n$ は 3 で割り切れる．

1.3.4 全称命題・存在命題の否定

全称命題や存在命題についても，その否定を考えることができる．この否定は慣れないと間違いやすいが，非常に重要なものなので，ここで見ておこう．
例えば，

「5 以下のすべての自然数 n に対し，n^2 は奇数である」

という命題の否定を考えよう．単純に文末を否定の形にした「5 以下のすべての自然数 n に対し，n^2 は奇数ではない」は誤りで，

「5 以下の自然数 n で，n^2 が奇数ではないものが存在する」

となることはわかると思う．これをもう少し論理的に見てみよう．

　1.3.2 項で述べたように，「5 以下のすべての自然数 n に対し，n^2 は奇数である」という命題は，「n^2 は奇数である」を表す命題関数 $P(n)$ と $A = \{1, 2, 3, 4, 5\}$ を用いて，

$$\forall n \in A, P(n) \ \Leftrightarrow \ P(1) \wedge P(2) \wedge P(3) \wedge P(4) \wedge P(5)$$

と書くことができる．この否定は 1.2.3 項で述べたド・モルガンの法則を 4 回適用すると，

$$\neg\Big(P(1) \wedge P(2) \wedge P(3) \wedge P(4) \wedge P(5)\Big)$$
$$\Leftrightarrow \ \ \neg P(1) \vee \neg P(2) \vee \neg P(3) \vee \neg P(4) \vee \neg P(5)$$

となる．この右辺は，1.3.3 項で述べたように，存在記号 $\exists$ を使って $\exists n \in A, \neg P(n)$ と書ける．そのため，言葉では「5 以下の自然数 n で，n^2 が奇数でないものが存在する」となるのである．

　存在命題の否定も同じように見ることができる．例えば，「ある自然数 n に対し，n^2 が奇数である」は，上の命題関数 $P(n)$ を使って $\exists n \in \mathbb{N}, P(n)$ と書ける．無限に続く部分を乱暴に書いてしまうと $P(1) \vee P(2) \vee P(3) \vee \cdots$ となるが，この否定は，

$$\neg\Big(P(1) \vee P(2) \vee P(3) \vee \cdots\Big)$$
$$\Leftrightarrow \ \ \neg P(1) \wedge \neg P(2) \wedge \neg P(3) \wedge \cdots$$

なので，全称記号を使って $\forall n \in \mathbb{N}, \neg P(n)$ と書けるわけである．ただし，ここでは無限個の n を扱っているため，ド・モルガンの法則が直接使えるわけではない（無限個の対象は真理値表で証明できない）が，ここでは認めてしまうことにする．

　結局，次のことが成り立つ．

事実 1.2　任意の集合 A と命題関数 $P(n)$ に対し，

$$\neg\Big(\forall n \in A, P(n)\Big) \Leftrightarrow \exists n \in A, \neg P(n)$$
$$\neg\Big(\exists n \in A, P(n)\Big) \Leftrightarrow \forall n \in A, \neg P(n)$$

ただし，否定文の言葉には注意してほしい．「ある人が幽霊を見た」の否定を「すべての人は幽霊を見ていない」としては，「幽霊を見た人が全員というわけではない」とも読めてしまう．言葉ではそのような 2 つ以上の意味に取れることが多いので，曖昧さがないように注意しなければならない．この場合は「幽霊を見た人はいない」とすれば，明快であろう．このように，意味に合わせて言葉を変えた方がよい場合も多い．

1.3.5　述語論理を使った論理式

1.1.5 項では，命題に演算を行って論理式を作ることを述べた．それを発展させ，この節で紹介した命題関数，全称記号，存在記号からなる命題と，その演算によってできる論理式を考えることができる．例えば，$n \in \mathbb{N}$ に対しての命題関数 $P(n), Q(n)$ について，

$$\forall n \in \mathbb{N}, P(n) \lor Q(n)$$

や

$$\exists n \in \mathbb{N}, P(n) \to Q(n)$$

などである．

このような論理式は，数学の命題ではよく現れるのでしっかり理解してほしい．例えば，「すべての実数 x に対し，ある実数 y で $x + y = 1$ が成り立つ」は次のように書くことができる．（実数全体の集合を $\mathbb{R}$ と表す．この記号も今後も使う．）

$$\forall x \in \mathbb{R}, \boxed{\exists y \in \mathbb{R}, \boxed{x + y = 1}}$$

すべての実数 x に対し，$\boxed{\text{ある実数 } y \text{ で } \boxed{x + y = 1} \text{ が成り立つ}}$

対応する部分を四角で囲ったので，確認してほしい．例えば，$x = 2$ に対しては $y = -1$ を，$x = -\frac{1}{2}$ に対しては $y = \frac{3}{2}$ をそれぞれ選べるように，どんな実数 x でも，$y = -x + 1$ とすることで $x + y = 1$ を成り立たせることができる．したがって，上の命題は真の命題である．一方で，次の命題は，見かけは似ているが意味が大きく変わる．

$$\exists x \in \mathbb{R}, \quad \boxed{\forall y \in \mathbb{R}, \quad \boxed{x + y = 1}}$$

$(*)$ ある実数 x に対し，$\boxed{\text{すべての実数 } y \text{ で} \quad \boxed{x + y = 1}\text{ が成り立つ}}$

こちらは，仮に $x = 2$ とすると，$y = -1$ に対しては $x + y = 1$ が成り立つが，それ以外の実数 y では $x + y \neq 1$ となる．また，$x = -10$ ならば，$y \neq 11$ のときに $x + y \neq 1$ である．このように，すべての実数 y に対応できる x を "y を見る前に" 用意することはできないため，この命題 $(*)$ は偽の命題である．

さて，命題 $(*)$ が偽であるので，その否定は真となるはずである．これを見るためには事実 1.2 を繰り返し使って，次のような変形を行えばよい．

$$\neg\left(\exists x \in \mathbb{R}, \forall y \in \mathbb{R}, x + y = 1 \right)$$
$$\Leftrightarrow \quad \forall x \in \mathbb{R}, \neg\left(\forall y \in \mathbb{R}, x + y = 1 \right)$$
$$\Leftrightarrow \quad \forall x \in \mathbb{R}, \exists y \in \mathbb{R}, \neg(x + y = 1)$$
$$\Leftrightarrow \quad \forall x \in \mathbb{R}, \exists y \in \mathbb{R}, x + y \neq 1$$

最後の命題は，「任意の実数 x に対し，$y = -x + 2$ とおくと $x + y = 2 \neq 1$ である」という事実から真であることが証明できる．これで命題 $(*)$ の否定が真であること，つまり命題 $(*)$ が偽であることが証明できた．

このような「任意の〜」と「ある〜」が組合さった命題も，その構造を見て 1 つずつ対応すれば，その意味が取れると思う．

問題 1.g　次の命題を全称記号 $\forall$ または存在記号 $\exists$ を用いて述べよ．また，その真偽を述べ，偽の命題は否定を書け．
(1)　任意の自然数 n に対し，ある自然数 m が存在して $n + m$ が偶数となる．
(2)　ある自然数 n に対し，すべての自然数 m で $n + m$ が偶数となる．
(3)　どんな実数 r に対しても，$rt = 1$ となる実数 t が存在する．

●●●●●●●●●●●●●●●●　演 習 問 題　●●●●●●●●●●●●●●●●

演習 1.1　命題 P, Q に対し，次の命題を恒真式を用いて示せ．

$$\neg Q \to (P \wedge Q) \Leftrightarrow Q$$

演習 1.2 A, B の 2 人は，それぞれ正直者かウソつきである．正直者は必ず正しいことを，ウソつきは必ず誤ったことを言う．命題 P を「A は正直者である」，命題 Q を「B は正直者である」とする．このとき，例えば，A が「B はウソつきだ」と言った状況は，

$$(P \to \neg Q) \land (\neg P \to \neg(\neg Q))$$

という命題として表すことができる．

(1) A が「A か B の少なくとも一方は正直者だ」と言った状況は，どのような命題として書けるか．

(2) (1) の命題を恒真式を利用することによってなるべく簡潔な形で表せ．

(3) (1) の発言に加えて B が正直者であるとわかったとき，A は正直者かウソつきのどちらか．

(4) A が「A か B の少なくとも一方がウソつきだ」と言った場合，B は正直者かウソつきのどちらか．

演習 1.3 次の命題を，全称記号 $\forall$ と存在記号 $\exists$ を使って書き，その否定を述べよ．（真偽は判定しなくてよい．）

(1) 任意の 2×2 行列 X に対し，ある 2×2 行列 Y が存在して $XY = YX = E_2$ となる．ただし，E_2 は 2×2 の単位行列を表し，2×2 行列の集合を $M_2(\mathbb{R})$ と書く．

(2) 任意の正の実数 ε に対し，ある自然数 n_0 が存在して，n_0 以上の任意の自然数 n に対し，$|a_n - \alpha| < \varepsilon$ が成り立つ．ただし，$\{a_n\}_{n=1}^{\infty}$ は数列，α は実数とし，正の実数の集合を $\mathbb{R}_+$ と書くことにする．

演習 1.4 $A = \{1, 2, 3\}$ とする．先手と後手が，1 か 2 か 3 のどれかを交互に何回か言ったとき，言われた数字のすべての合計が 5 の倍数になっていたら後手の勝ち，そうでないなら先手の勝ちとする．例えば，お互い 2 回ずつ数字を言うと決めていた場合に，順に，

3（先手）， 2（後手）， 1（先手）， 3（後手）

と言うと合計が 9 なので，先手が勝ちである．お互い 1 回ずつ数字を言うと決めていた場合に先手が必勝であることは，

$$\exists a \in A, \forall b \in A, (a + b \text{ は 5 の倍数ではない})$$

という命題の形で表せる．（ちなみに，真の命題である．）では，先手 → 後手 → 先手 → 後手と 2 回ずつ数字を言うと決めていた場合に，先手が必勝であることを表す命題を書け．また，その否定（つまり後手必勝を表す命題）も書け．

第2章

集　　合

　集合は物事を正確に記述するために欠かせないうえ，数学的対象を記述する最も基本的な道具である．これは高校数学でも勉強するが，前章の論理を利用して正確に記述していこう．

2.1　集 合 の 演 算

2.1.1　集合の基本用語

　集合とは，ものの集まりのことで，構成している 1 つ 1 つのものをその集合の**要素**または**元**(げん)という．集合は $\{1,3,5,6\}$ や $\{A,B,C\}$ のように $\{\ \}$ で要素を並べて書くか，$\{x : x$ は正の奇数$\}$ のように要素がみたす条件を書く方法がある．後者では，$\{x \mid x$ は正の奇数$\}$ のように縦線が使われることもある．

　a が集合 A の要素であるとき，a は A に**属す**，または A に**含まれる**といい，$a \in A$ と書く．a が A の要素でないときは，$a \notin A$ のように書く．したがって，$1 \in \{1,3,5,6\}$ かつ $2 \notin \{1,3,5,6\}$ である．特に要素でないことを表す記号 $\notin$ は，論理の否定 $\neg$ に対応しており，次の言いかえがよく使われる．

$$x \notin A \ \Leftrightarrow \ \neg(x \in A)$$

　次の集合はよく利用されるものであり，本書でも今後，何度も登場する．（$\mathbb{N}$ と $\mathbb{R}$ はすでに 1.3 節で登場した．）

- $\mathbb{N}$：自然数全体からなる集合で $\mathbb{N} = \{1,2,3,\dots\}$ である．（$\mathbb{N}$ は自然数の英語 natural number の頭文字.）0 を自然数に含めることがあるが，本書では $0 \notin \mathbb{N}$ とする．
- $\mathbb{Z}$：整数全体からなる集合．（$\mathbb{Z}$ は数を表すドイツ語 zahl の頭文字.）
- $\mathbb{Q}$：有理数全体からなる集合．（$\mathbb{Q}$ は商を表す英語 quotient の頭文字.）
- $\mathbb{R}$：実数全体からなる集合．（$\mathbb{R}$ は実数の英語 real number の頭文字.）

- $\mathbb{C}$：複素数全体からなる集合.（C は複素数の英語 complex number の頭文字.）

有限個の要素を持つ集合を**有限集合**といい，無限個の要素を持つ集合を**無限集合**という．有限集合 A の要素の数を $|A|$ や $\#A$ と書く．要素を 1 つも持たない集合を**空集合**といい，$\varnothing$ と書く．つまり $|\varnothing| = 0$ である．$\mathbb{N}$ や $\mathbb{R}$ などが無限集合であるが，それらの "要素の数" については別の知識が必要なので，3.2.1 項で述べる．

集合の書き方は一意的ではないことに注意しよう．例えば，次のように別の表記で同じ集合を表すことができる．

$$\{x \in \mathbb{N} : x\ \text{は}\ 5\ \text{以下の素数}\} = \{2, 3, 5\}$$
$$= \{x \in \mathbb{Z} : 2 \leq x \leq 5,\ x \neq 4\}$$
$$= \{x^2 : x \in \{\sqrt{2}, \sqrt{3}, \sqrt{5}\}\}$$

ただし，集合の等号（=）については注意が必要で，これは 2.1.3 項で述べる.

2.1.2　集合の基本的な演算 その 1

いくつかの命題から演算によって複雑な命題を構成したように，集合に対しても，演算を用いることで複雑な集合を扱えるようになる．以下でそれを紹介しよう．

集合 A と B に対し,

- $A \cup B = \{x : x \in A\ \text{または}\ x \in B\}$ を A と B の**和集合**という.
- $A \cap B = \{x : x \in A\ \text{かつ}\ x \in B\}$ を A と B の**積集合**または**共通部分**という.
- $A \setminus B = \{x : x \in A\ \text{かつ}\ x \notin B\}$ を A と B の**差集合**という.

また，これらの集合の演算は，図 2.1 のように表すと理解がしやすい．各円が集合 A や B に対応しており，青くなっている部分がそれぞれの集合を表現している．このように，それぞれの集合を閉曲線で表し，その重なりによって集合の関係を表現する図を**ベン図**と呼ぶ．

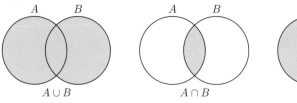

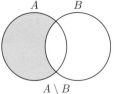

図 **2.1**　$A \cup B,\ A \cap B,\ A \setminus B$ のベン図での表現

和集合と積集合は命題の論理和，論理積に対応しており，基本的な集合の演算である．今後の議論を論理的に進めるために，以下のような恒真式を利用すると考えやすい．

$$x \in A \cup B \quad \Leftrightarrow \quad (x \in A) \vee (x \in B)$$

$$x \in A \cap B \quad \Leftrightarrow \quad (x \in A) \wedge (x \in B)$$

$$x \in A \setminus B \quad \Leftrightarrow \quad (x \in A) \wedge (x \notin B) \quad \Leftrightarrow \quad (x \in A) \wedge \neg(x \in B)$$

集合 $A_1, A_2, A_3, \ldots, A_n$ に対し，それらの和集合と積集合を，それぞれ $\bigcup_{i=1}^{n} A_i$ および $\bigcap_{i=1}^{n} A_i$ と書く．例えば，$\bigcup_{i=1}^{4} A_i = A_1 \cup A_2 \cup A_3 \cup A_4$ である．これは数列の和を $\sum_{i=1}^{n} i^2$ のように書くのと同様である．さらに，無限個の集合 $A_1, A_2, A_3, \ldots$ に対し，そのすべての和集合と積集合を，それぞれ $\bigcup_{i=1}^{\infty} A_i$ および $\bigcap_{i=1}^{\infty} A_i$ と書く．

問題 2.a　自然数 k に対し，$A_k = \{kt \in \mathbb{N} : t \in \mathbb{N}, 1 \leq t \leq 4\}$ と定義する．以下のそれぞれはどのような集合か．

$$A_2, \quad A_2 \cup A_3, \quad A_2 \cap A_3, \quad A_2 \setminus A_3, \quad \bigcup_{i=2}^{4} A_i, \quad \bigcap_{i=2}^{4} A_i$$

2.1.3　部分集合と集合の等号

この項では，部分集合と集合の等号を論理の観点から見よう．それぞれ，含意と同値に対応しており，その関係を今後も使う．

集合 A と B に対し，A のすべての要素が B の要素でもあるとき，A は B の**部分集合**といい，$A \subseteq B$ と書く．（$A \subset B$ と書くこともあるが，本書では

$A \subseteq B$ で統一する.) 例えば, $\{2,3,7\} \subseteq \{x \in \mathbb{N} : x$ は素数$\}$ のように書く. また, $A \subseteq B$ かつ $A \neq B$ であるとき, A は B の**真部分集合**という.

　部分集合と集合の要素は混同しやすいので注意しよう. 例えば, $A = \{1, 2, 3\}$ とするとき, $1 \subseteq A$ も $\{1\} \in A$ も誤りであり, 正しくは,

　　$1 \in A$, および $\{1\} \subseteq A$

である. それぞれが要素を表すのか, 集合を表すのかを確認して正しい記号を使ってほしい.

　$A \subseteq B$ とは,

　　「$\forall x, (x \in A \to x \in B)$」が真の命題である

というように論理の言葉で述べることができる. これは,

　　「$\forall x \in A, x \in B$」が真の命題である

と書いても同じことを意味する. これを用いると, 次の事実が示せる.

定理 2.1　任意の集合 A に対し, $\varnothing \subseteq A$ が成り立つ.

[証明]　部分集合の定義より, $\forall x, (x \in \varnothing \to x \in A)$ が示せばよい. ここで $\varnothing$ の定義より, $x \in \varnothing$ は x に関わらず偽なので, 含意 $\to$ の定義より $\forall x, (x \in \varnothing \to x \in A)$ は真である. これで $\varnothing \subseteq A$ が示せた.　　□

　集合 A と B に対し, $A \subseteq B$ と $B \subseteq A$ の両方が成り立つとき, つまり $(A \subseteq B) \wedge (B \subseteq A)$ が真の命題のとき, 集合 A と B は**等しい**といい, $A = B$ と書く.

── 例題 2.2 ──

　$A = \{x \in \mathbb{Z} : x^2 - 2x \leq 0\}$, $B = \{0, 1, 2\}$ のとき $A = B$ であることを示せ.

【解答】　$f(x) = x^2 - 2x$ とすると, $f(0) = 0 \leq 0, f(1) = -1 \leq 0, f(2) = 0 \leq 0$ なので,

　　任意の $x \in B$ に対し, $x \in A$

が示せた．つまり $B \subseteq A$ である．また逆に，$f(x) \leq 0$ である整数 x は $0, 1, 2$ であることが不等式の計算で示せるので，

　　　任意の $x \in A$ に対し，$x \in B$

つまり $A \subseteq B$ が成り立つ．したがって，両方の部分集合の関係が示せたので $A = B$ である． □

問題 2.b　$A = \{3m + 2n : m, n \in \mathbb{Z}\}$ のとき，$A = \mathbb{Z}$ を示せ．

2.1.4　集合の命題とその証明

　集合の演算を定義したので，それによって構成される命題の真偽を考えよう．例えば，次の命題はどうだろうか．任意の集合 A と B に対し，

$$(A \cup B) \setminus A \subseteq B$$

である．なお「任意の集合 A と B に対し」の部分はよく省略され，単に「集合 A と B に対し」と書かれることが多い．また，記号では，

$$\forall A, \forall B, (A \cup B) \setminus A \subseteq B$$

と書くべきであるが，これも $\forall A, \forall B$ の部分が省略されることが多い．

　この命題は，図 2.2 に示したベン図を見れば正しいことが想像できるが，正確な証明は論理に頼るしかない．部分集合の定義に戻れば，

$$(A \cup B) \setminus A \subseteq B \quad \Leftrightarrow \quad \forall x, ((x \in (A \cup B) \setminus A) \to (x \in B))$$

なので，$x \in (A \cup B) \setminus A$ を仮定して $x \in B$ を示せばよいとわかる．これは

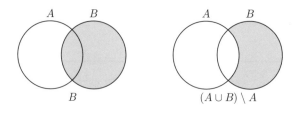

図 2.2　B と $(A \cup B) \setminus A$ のベン図での比較

以下のようにして示すことができる.

$$x \in (A \cup B) \setminus A$$

$\Leftrightarrow \quad (x \in (A \cup B)) \wedge \neg(x \in A)$　　　（差集合の定義）

$\Leftrightarrow \quad ((x \in A) \vee (x \in B)) \wedge \neg(x \in A)$　（和集合の定義）

$\Leftrightarrow \quad \neg(x \in A) \wedge (x \in B)$　　　　　（論理の変形）

$\Rightarrow \quad x \in B$　　　　　　　　　　　（法則 (A.5)）

横にどのような規則で論理展開をしたかを記しているので確認してほしい. 特に慣れるまでは，まず論理の言葉になおし，それを論理の恒真式によって変形することを考えるとよい. なお，（論理の変形）の部分は，

$$(P \vee Q) \wedge \neg P \quad \Leftrightarrow \quad \neg P \wedge Q$$

という関係を利用している. これは，問題 1.e(2) で示したものである.

一方で，偽の命題も見てみよう. 例えば，集合 A, B, C に対し，

$$(*) \quad A \setminus B = A \setminus C \text{ ならば } B = C$$

という命題 $(*)$ は偽の命題である. これについても，まずはベン図で表してみる（図 2.3 参照）.

命題 $(*)$ の仮定の，

$$A \setminus B = A \setminus C$$

より，図 2.3 右の「$\varnothing$」のある箇所に要素がないことがわかる. しかし，「?」の

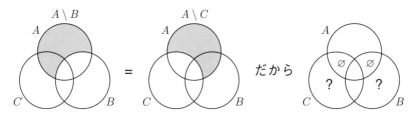

図 2.3　$A \setminus B$ と $A \setminus C$ のベン図よりわかること

箇所に要素があれば $B \neq C$ となるだろう．このように考えれば，命題 $(*)$ が
偽であることはわかるが，それを示すためには反例を与えるべきである．「?」
の箇所が空集合でない場合を考えればよいので，例えば，

$$A = \varnothing, \quad B = \{1\}, \quad C = \{2\}$$

は，$A \setminus B = A \setminus C = \varnothing$ をみたすが，$B \neq C$ なので，命題 $(*)$ の反例である．

問題 2.c　次の命題の真偽を述べよ．また，真の場合は証明をし，偽の場合には反例
を 1 つ示せ．ただし，A, B, C は集合とする．

(1)　$(A \cap B) \cup C = A \cap (B \cup C)$

(2)　$(A \setminus B) \cup B = A \cup B$

(3)　$A \cap B \subseteq A \cap C$ ならば $B \subseteq C$

(4)　$A \subseteq B$ ならば $A \setminus (B \setminus C) \subseteq C$

2.1.5　集合の基本的な演算 その 2

　集合の演算とそれを用いた命題をもう少し見ていこう．集合 U の要素のみ
について議論するとき，この集合 U を**全体集合**として特別に扱うことがある．
全体集合 U の部分集合 A に対し，U の要素で A に属さないもの全体からなる
集合を，U における A の**補集合**といい，$\overline{A}$ または A^c と書く．つまり，

$$\overline{A} = \{x \in U : x \notin A\} = U \setminus A$$

である．例えば，実数全体からなる集合 $\mathbb{R}$ を全体集合としたとき，$\overline{\mathbb{Q}}$ は無理数
全体からなる集合を表す．補集合も，論理では，

$$x \in \overline{A} \ \Leftrightarrow \ x \in U \wedge x \notin A \ \Leftrightarrow \ x \in U \wedge \neg(x \in A)$$

のように言い換えられる．これを用いれば，

$$A \cap \overline{A} = \varnothing, \quad A \cup \overline{A} = U, \quad \overline{(\overline{A})} = A$$

のような関係も示すことができる．

　2.1.2 項に述べたように，和集合と積集合はそれぞれ論理和，論理積に対応
している．この対応を考えると，論理におけるド・モルガンの法則から集合に
おけるド・モルガンの法則が得られる．

> **定理 2.3**　（ド・モルガンの法則）　集合 A, B に対し，次が成り立つ.
>
> $$\overline{A \cap B} = \overline{A} \cup \overline{B}, \quad \overline{A \cup B} = \overline{A} \cap \overline{B}$$

[証明]　任意の $x \in \overline{A \cap B}$ に対し $x \in \overline{A} \cup \overline{B}$ であること，およびその逆を示せばよい.（以下，$x \in U$ は省略する.）

$$
\begin{aligned}
x \in \overline{A \cap B} \quad &\Leftrightarrow \quad \neg(x \in A \cap B) && \text{（補集合の定義）} \\
&\Leftrightarrow \quad \neg\big((x \in A) \wedge (x \in B)\big) && \text{（積集合の定義）} \\
&\Leftrightarrow \quad \neg(x \in A) \vee \neg(x \in B) && \text{（論理のド・モルガンの法則）} \\
&\Leftrightarrow \quad (x \in \overline{A}) \vee (x \in \overline{B}) && \text{（補集合の定義）} \\
&\Leftrightarrow \quad x \in \overline{A} \cup \overline{B} && \text{（和集合の定義）}
\end{aligned}
$$

これで $\overline{A \cap B} = \overline{A} \cup \overline{B}$ が示された. 2つ目の等式は同様にして示すことができる. □

　集合 A と B に対し，$(A \setminus B) \cup (B \setminus A)$ を A と B の**対称差**といい，$A \triangle B$ または $A \oplus B$ と書く. つまり，

$$A \triangle B = (A \setminus B) \cup (B \setminus A)$$

である. 対称差に関しては以下のような等式が成り立つ.

(1)　$A \triangle B = (A \cup B) \setminus (A \cap B)$

(2)　$A \triangle A = \varnothing$

(3)　$(A \triangle B) \triangle C = A \triangle (B \triangle C)$

このうちの最初のものを問題としよう. 他のものも同様に示すことができる.

問題 2.d　上の (1) を示せ.

2.1.6　集 合 の 直 積

　集合 A と B に対し，A の要素 a と B の要素 b を並べて書いた (a, b) を**順序対**という. 順序対全体からなる集合を A と B の**直積**といい $A \times B$ と書く. つまり，

$$A \times B = \{(a,b) : a \in A,\ b \in B\}$$

である. 特に A と A の直積 $A \times A$ を A^2 と書く.

　例えば, 座標平面上の点は, $(1,2)$ や $(-2,3)$ のように x 座標と y 座標を並べて表記するが, これも順序対であり, 実際にその全体からなる集合である座標平面を, 実数全体からなる集合 $\mathbb{R}$ の直積として $\mathbb{R}^2$ と書く. これは一番有名な直積であろう.

　順序対はその名前の通り "順序" が重要なので, 例えば $(1,2) \neq (2,1)$ のように, 順序を入れ替えると別の順序対となる. これは座標系の例を考えれば明らかであると思う. この順序対の等号は, 正確には,

$$a = a' \text{ かつ } b = b' \text{ のとき, } (a,b) = (a',b')$$

と定義する.

　なお, "順序対" に対応して, 2 つの要素からなる集合を**非順序対**と呼ぶことがある. こちらは $\{1,2\} = \{2,1\}$ であることより, 順序を気にしないという意味で "非順序対" と呼ぶわけである.

　3 つ以上の集合の直積を考えることもできる. n 個の集合 $A_1, A_2, \ldots, A_n$ に対し,

$$A_1 \times A_2 \times \cdots \times A_n = \{(a_1, a_2, \ldots, a_n) : \text{任意の } i \text{ に対し } a_i \in A_i\}$$

と定義し, この集合の要素を**順序組**と呼ぶ. なお, この左辺を $\prod_{i=1}^{n} A_i$ のように書くことがある. さらに,

$$A^n = \overbrace{A \times A \times \cdots \times A}^{n \text{ 個}}$$

である.

　直積の例を見てみよう. 先ほど, 座標平面を $\mathbb{R}^2$ と書くと述べたが, 同様にして 3 次元の座標空間は $\mathbb{R}^3$ と書ける. 一般の n 次元空間を $\mathbb{R}^n$ と表記することも目にするだろう. 同様に, $\mathbb{Z}^2$ は, 各座標が整数の点 (**格子点**という) 全体からなる集合を表す. ($\mathbb{Z}^2$ は, よく $\{x^2 : x \in \mathbb{Z}\}$ と勘違いされるので注意してほしい. 2 乗は集合の直積の意味で, 要素が 2 乗されるのではない.)

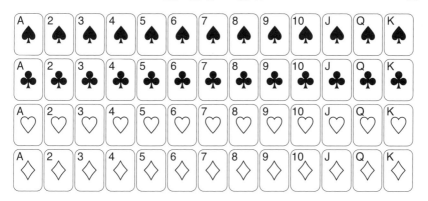

図 **2.4** トランプの例

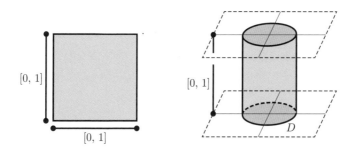

図 **2.5** 正方形 $[0,1] \times [0,1]$ と円柱 $D \times [0,1]$

$X = \{\spadesuit, \clubsuit, \heartsuit, \diamondsuit\}$, $Y = \{\mathrm{A}, 2, 3, \ldots, 10, \mathrm{J}, \mathrm{Q}, \mathrm{K}\}$ とすると，直積 $X \times Y$ は，$(\clubsuit, \mathrm{A}), (\diamondsuit, 5)$ などを要素とする集合なので，1 組のトランプ（ジョーカー抜き）を表すことがわかる（図 2.4 参照）.

また，$[0,1] = \{x \in \mathbb{R} : 0 \le x \le 1\}$ は数直線上の区間を表すが，これを直線分としてとらえると，その直積 $[0,1] \times [0,1]$ は 2 次元平面上の正方形を表す（図 2.5 左参照）．xy 平面上の円 $D = \{(x,y) \in \mathbb{R}^2 : x^2 + y^2 \le 1\}$ に対し，直積 $D \times [0,1]$ は xyz 空間の円柱を表す（図 2.5 右参照）.

問題 2.e 集合 A, B, C に対し，

$$A \times (B \cup C) = (A \times B) \cup (A \times C)$$

を示せ.

2.1.7　べき集合と k 元部分集合族

ものの集まりを集合と定義したので，集合を集めた集合も考えることができる．そのように，各要素が集合である集合を，特に**集合族**という．

集合 A に対し，A の部分集合全体からなる集合族を A の**べき集合**といい，2^A や $\mathcal{P}(A)$ と書く．つまり，

$$2^A = \{X : X \subseteq A\}$$

である．例えば，$A = \{1,2,3\}$ のとき，

$$2^A = \Big\{ \varnothing, \{1\}, \{2\}, \{3\}, \{1,2\}, \{1,3\}, \{2,3\}, \{1,2,3\} \Big\}$$

である．

$$X \in 2^A \ \Leftrightarrow \ X \subseteq A$$

が定義より成り立つが，"集合の要素" と "部分集合" が紛らわしく，間違える人が多い．定理 2.1 より，任意の集合 A に対し $\varnothing \subseteq A$ なので，$\varnothing \in 2^A$ である．一方で，同じく定理 2.1 より $\varnothing \subseteq 2^A$ も正しいが，これらの意味の差をぜひ考えてほしい．

問題 2.f $A = \{1,2\}$ としたとき，次のうちで誤っているものをすべて選べ．

(1) $2 \in A$ (2) $2 \in 2^A$ (3) $\{2\} \in A$
(4) $\{2\} \in 2^A$ (5) $\{2\} \subseteq A$ (6) $\{2\} \subseteq 2^A$

例題 2.4

A が有限集合で $|A| = n$ のとき，次を示せ．

$$|2^A| = 2^n$$

【解答】 A の 1 つの部分集合を定めるためには，その部分集合が A の各要素を「含む」か「含まない」かを決めてやればよい．したがって，A の部分集合は全部で 2^n 個であり，$|2^A| = 2^n$ が成り立つ． □

例題 2.4 の事実，つまり，

$$|2^A| = 2^{|A|}$$

が 2^A の記号の由来となっている．

集合 A と自然数 k に対し，A の部分集合で要素数が k のもの全体からなる集合を A の **k 元部分集合族**といい，$\binom{A}{k}$ で表す．つまり，

$$\binom{A}{k} = \{X \in 2^A : |X| = k\}$$

である．上と同様に考えれば，A が有限集合で $|A| = n$ のとき，

$$\left| \binom{A}{k} \right| = \binom{|A|}{k} = \binom{n}{k}$$

であることがわかり，この事実がやはり記号の由来となっている．ここで，右辺の $\binom{n}{k}$ は，二項係数を表している．これは $_nC_k$ と同じものである．

例題 2.4 については，下で述べる k 元部分集合族を用いた解答の方が自然であると考える人もいる．その前に，**二項定理**を確認しておく．

$$(x + y)^n = x^n + \binom{n}{1}x^{n-1}y + \cdots + \binom{n}{n-1}xy^{n-1} + y^n$$

$$= \sum_{i=0}^{n} \binom{n}{i} x^{n-i}y^i$$

【例題 2.4 の別解】　A の部分集合の要素の数は 0 以上 n 以下なので，

$$2^A = \bigcup_{k=0}^{n} \binom{A}{k}$$

である．したがって，上記の二項定理の公式に $x = y = 1$ を代入することにより，

$$|2^A| = \sum_{k=0}^{n} \left| \binom{A}{k} \right| = \sum_{k=0}^{n} \binom{|A|}{k} = \sum_{k=0}^{n} \binom{n}{k} = 2^n$$

が得られる．　　　　　　　　　　　　　　　　　　　　　　　　　□

集合 A の k 元部分集合族については，$|A| = n$ のとき，

$$\binom{A}{0} = \{\varnothing\}, \quad \binom{A}{1} = \{\{a\} : a \in A\}, \quad \binom{A}{n} = \{A\}$$

である．それぞれ，

$$\binom{A}{0} \neq \varnothing, \quad \binom{A}{1} \neq A, \quad \binom{A}{n} \neq A$$

であることには注意しよう．

問題 2.g　$A = \{1, 2\}$, $B = \{1, 2, 3\}$ とするとき，以下のそれぞれはどのような集合か.

(1)　$A \triangle B$　　　(2)　$A \times B$　　　(3)　$B \times A$

(4)　$2^A \setminus 2^B$　　(5)　$2^B \setminus 2^A$　　(6)　$\dbinom{B}{2}$

2.2　包除原理とその応用

2.2.1　包　除　原　理

次の例題を考えてみよう.

――― 例題 2.5 ―――

あるクラスには 35 人の生徒がいる．このとき，次の問題に答えよ.

(1)　サッカー部員が 6 人，将棋部員が 7 人，それ以外の生徒は 25 人である．サッカー部と将棋部の両方に属す生徒は何人か.

(2)　野球部員が 7 人，バレー部員が 5 人，吹奏楽部員が 5 人がいる．野球部とバレー部の両方に属す生徒はいないが，吹奏楽部員のうち 1 人が野球部，2 人がバレー部に属している．これらの 3 つのどの部活にも属していない生徒は何人か.

例題 2.5 に解答するためには，集合の要素の数についての以下の公式が必要である.

● 有限集合 A, B に対し，

$$|A \cup B| = |A| + |B| - |A \cap B|$$

● 有限集合 A, B, C に対し，

$$|A \cup B \cup C| = |A| + |B| + |C|$$
$$- |A \cap B| - |B \cap C| - |A \cap C|$$
$$+ |A \cap B \cap C|$$

それぞれの状況を図示すると，次のようなベン図が得られる（図 2.6 参照）.

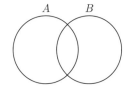
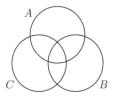

図 **2.6** 集合 A, B と A, B, C のベン図

【例題 2.5 の解答】 (1) サッカー部員の集合を A, 将棋部員の集合を B とおく. 条件より, $|A| = 6$, $|B| = 7$ かつ $|A \cup B| = 35 - 25 = 10$ である. ゆえに, $|A \cup B| = |A| + |B| - |A \cap B|$ より,

$$|A \cap B| = |A| + |B| - |A \cup B| = 6 + 7 - 10 = 3$$

となり, 求める生徒は 3 人である.

(2) 野球部員, バレー部員, 吹奏楽部員の集合をそれぞれ A, B, C とおく. 条件より, $|A| = 7$, $|B| = |C| = 5$ であり, $|A \cap C| = 1$ かつ $|B \cap C| = 2$ である. さらに, $|A \cap B| = 0$ より, $|A \cap B \cap C| = 0$ である. したがって,

$$|A \cup B \cup C| = 7 + 5 + 5 - 1 - 2 - 0 + 0 = 14$$

より, $|\overline{A \cup B \cup C}| = 35 - 14 = 21$ なので, 求める生徒は 21 人である. $\qquad\square$

4 つ以上の集合の和集合に含まれる要素の数を求める公式は, どのようになるだろうか. この問いに答えるのが, 以下に示す**包除原理**である.

定理 2.6 （**包除原理**） n 個の集合 $A_1, A_2, \ldots, A_n$ に対し, 次が成り立つ:

$$\left| \bigcup_{i=1}^{n} A_i \right| = |A_1 \cup A_2 \cup \cdots \cup A_n| = \sum_{\varnothing \neq I \subseteq \{1, \ldots, n\}} (-1)^{|I|+1} \left| \bigcap_{i \in I} A_i \right|$$

$$= \sum_{1 \leq i \leq n} |A_i| - \sum_{1 \leq i < j \leq n} |A_i \cap A_j| + \sum_{1 \leq i < j < k \leq n} |A_i \cap A_j \cap A_k|$$

$$+ \cdots + (-1)^{n+1} |A_1 \cap \cdots \cap A_n|$$

上記の公式において, $|A_1 \cup A_2 \cup \cdots \cup A_n|$ は

- 任意の $i\ (1 \le i \le n)$ に対し, $|A_i|$ を加え,
- 任意の $i, j\ (1 \le i < j \le n)$ に対し, $|A_i \cap A_j|$ を除き,
- 任意の $i, j, k\ (1 \le i < j < k \le n)$ に対し, $|A_i \cap A_j \cap A_k|$ を加え,
- $\cdots$

という形になっていることに注意しよう. したがって, 包除原理の $n = 2, 3$ の場合が前述の公式になっていることが確認できる.

[**定理 2.6 の証明**] n に関する帰納法を用いる. $n = 1$ のとき, 所望の公式は自明に成立する. また, $n = 2$ のときも,

$$|A_1 \cup A_2| = |A_1| + |A_2| - |A_1 \cap A_2|$$

であり, 公式は成立する.

$n \ge 3$ のとき, $n = 2$ の場合の公式を利用して次のように考える:

$$\left| \bigcup_{i=1}^{n} A_i \right| = \left| \left(\bigcup_{i=1}^{n-1} A_i \right) \cup A_n \right|$$

$$= \left| \bigcup_{i=1}^{n-1} A_i \right| + |A_n| - \left| \left(\bigcup_{i=1}^{n-1} A_i \right) \cap A_n \right|$$

1 つ目の項について, 帰納法の仮定により, 次が成り立つ.

$$\left| \bigcup_{i=1}^{n-1} A_i \right| = \sum_{\varnothing \neq I' \subseteq \{1,\ldots,n-1\}} (-1)^{|I'|+1} \left| \bigcap_{i \in I'} A_i \right|$$

この式において, $I' \neq \varnothing$ は $\{1, \ldots, n\}$ の部分集合で n を含まないものすべてを動くことに注意せよ.

また, 3 つ目の項について, 集合の分配法則と帰納法の仮定により,

$$\left| \left(\bigcup_{i=1}^{n-1} A_i \right) \cap A_n \right| = \left| \bigcup_{i=1}^{n-1} (A_i \cap A_n) \right|$$

$$= \sum_{\varnothing \neq I' \subseteq \{1,\ldots,n-1\}} (-1)^{|I'|+1} \left| \bigcap_{i \in I'} (A_i \cap A_n) \right|$$

$$= \sum_{\varnothing \neq I' \subseteq \{1,\ldots,n-1\}} (-1)^{|I'|+1} \left| \bigcap_{i \in I' \cup \{n\}} A_i \right|$$

が成り立つ. この式では, $I' \cup \{n\} = I$ は n を含む $\{1, \ldots, n\}$ の部分集合で, $I \neq \{n\}$ であるすべてのものが登場していることに注意しよう. したがって,

$$\left| \bigcup_{i=1}^{n} A_i \right| = \sum_{\emptyset \neq I \subseteq \{1, \ldots, n\}} (-1)^{|I|+1} \left| \bigcap_{i \in I} A_i \right|$$

が成り立つ. □

問題 2.h $|A \cup B \cup C|$ の公式を用いて, $|A \cup B \cup C \cup D|$ の公式を導け.

2.2.2 撹 乱 順 列

$1, 2, \ldots, n$ を並び替えた順列 $(a_1, a_2, \ldots, a_n)$ が, 任意の $i \in \{1, 2, \ldots, n\}$ に対し $a_i \neq i$ のとき, **撹乱順列**であるという. また, $a_i = i$ であるとき, 順列 $(a_1, a_2, \ldots, a_n)$ を, **番号 i を固定する順列**という. この項では, 包除原理の応用として, 撹乱順列について学ぶ.

$1, 2$ を並び替えた順列は $(1, 2)$ と $(2, 1)$ であり, $(1, 2)$ は撹乱順列ではないが, $(2, 1)$ は撹乱順列である. また, $1, 2, 3$ を並び替えた撹乱順列は $(3, 1, 2)$ と $(2, 3, 1)$ である. 一方で, $(2, 1, 3)$ は番号 3 を固定する順列なので, 撹乱順列ではない.

例題 2.7

n を 2 以上の自然数とするとき, $1, 2, \ldots, n$ を並び替えた撹乱順列の総数を求めよ.

【解答】 $i \in \{1, \ldots, n\}$ に対し, A_i を番号 i を固定する順列全体からなる集合とする. このとき, 撹乱順列でない順列全体からなる集合は $A_1 \cup \cdots \cup A_n$ である. A_i において i 以外の番号の並び方は任意なので,

$$|A_i| = (n-1)!$$

である. また, 異なる $i, j \in \{1, \ldots, n\}$ に対し,

$$|A_i \cap A_j| = (n-2)!$$

などが成り立つので, 包除原理により,

$$|A_1 \cup \cdots \cup A_n| = \sum_{1 \le i \le n} |A_i| - \sum_{1 \le i < j \le n} |A_i \cap A_j|$$
$$+ \cdots + (-1)^{n+1} |A_1 \cap \cdots \cap A_n|$$
$$= n \cdot (n-1)! - \binom{n}{2}(n-2)! + \cdots + (-1)^{n+1} \binom{n}{n}(n-n)!$$
$$= n! \left(1 - \frac{1}{2!} + \frac{1}{3!} - \cdots + (-1)^{n+1} \frac{1}{n!} \right)$$

したがって, 撹乱順列の総数は次のようになる:

$$n! - |A_1 \cup \cdots \cup A_n| = n! \left(\frac{1}{2!} - \frac{1}{3!} + \cdots + (-1)^n \frac{1}{n!} \right) \qquad \square$$

問題 2.i $1, 2, \ldots, n \ (n \ge 2)$ を並び替えた順列を勝手に選ぶとき, それが撹乱順列である確率 q_n を求めよ. また, $\lim_{n \to \infty} q_n$ を求めよ.
ヒント:次のマクローリン展開を使うとよい.

$$e^x = 1 + x + \frac{x^2}{2!} + \frac{x^3}{3!} + \frac{x^4}{4!} + \frac{x^5}{5!} + \cdots$$

2 以上の自然数 n が,

$$n = p_1^{\alpha_1} p_2^{\alpha_2} \cdots p_m^{\alpha_m}$$

のように素因数分解できるとする. ただし, $p_1, p_2, \ldots, p_m$ はそれぞれ異なる素数であり, $\alpha_1, \alpha_2, \ldots, \alpha_m$ はそれぞれ自然数である. このとき, n と互いに素で n 以下の自然数の個数を与える関数を, n の**オイラー関数**と呼び, $\phi(n)$ と書く. これに対し,

$$\phi(n) = n \left(1 - \frac{1}{p_1} \right) \left(1 - \frac{1}{p_2} \right) \cdots \left(1 - \frac{1}{p_m} \right)$$

であることが知られている. 次の問題で, この事実の特別な場合を示そう.

問題 2.j　自然数 n の素因数分解が,

$$n = p_1^{\alpha_1} p_2^{\alpha_2} p_3^{\alpha_3}$$

であるとする. ただし, p_1, p_2, p_3 はそれぞれ異なる素数であり, $\alpha_1, \alpha_2, \alpha_3$ はそれぞれ自然数である. このとき, n と互いに素で n 以下の自然数の個数は,

$$\phi(n) = n \left(1 - \frac{1}{p_1}\right)\left(1 - \frac{1}{p_2}\right)\left(1 - \frac{1}{p_3}\right)$$

であることを示せ. また, $n = 4725$ について $\phi(n)$ の値を求めよ.

演 習 問 題

演習 2.1　集合 A, B, C, D に対し, $(A \cap C) \setminus B \subseteq D$ という命題を考える.

(1)　図 2.7 において, $(A \cap C) \setminus B$ に対応する部分を示し, その部分が D に含まれていることを確認せよ.

(2)　$(A \cap C) \setminus B \subseteq D$ の反例を 1 つ示せ.

(3)　$(A \cap C) \setminus B \subseteq D$ という命題が, 図では真に見えたのにも関わらず反例があった原因は, 図 2.7 に問題があったことである. 何が問題だったのだろうか.

図 2.7　演習 2.1

(4)　4 つの集合 A, B, C, D を考えるための正しい図を描け.

演習 2.2　自然数 n に対し, $A_n = \{x \in \mathbb{R} : 0 \le x \le \frac{1}{n}\}$ とおく.

(1)　$\bigcup_{n=1}^{\infty} A_n$ を求めよ.

(2)　$\bigcap_{n=1}^{\infty} A_n = \{0\}$ を示せ.

演習 2.3　次の命題が真であることを示せ.

　　任意の集合 A, B に対し, ある集合 X が存在して $A \triangle X = B$ となる.

演習 2.4　次の命題が正しいならば証明し, 誤っているならば反例を示せ.

　　任意の集合 A, B, C に対し, $A \times C = B \times C$ ならば $A = B$ である.

演習 2.5　赤球 3 個, 青球 3 個, 黄球 3 個の合計 9 個の球を, どの色も 3 個の球が連続しないように, 一列に並べる方法はいくつあるか.

第3章

写　　像

　前章で集合を扱ったので，次は集合間の関係を述べる写像について学ぶ．写像は関数という名称でも知られ，中学数学から登場しているが，ここで正確な定義と論理的な議論を勉強してほしい．

3.1　写像の基本

3.1.1　写像の基本用語

　集合 A と B に対し，A の各要素に B の 1 つの要素を対応させたものを A から B への**写像**または**関数**といい，$f: A \to B$ のように書く．また，このとき $a \in A$ に対応する B の要素を $f(a)$ と表す．写像 $f: A \to B$ において，以下のような用語が使われる．

> - A を，写像 f の**定義域**という．
> - B を，写像 f の**終域**という．
> - $a \in A$ に対し，$f(a)$ を a の f での**像**という．
> - $f(a) = b$ であることを，a が f で b に**写る**といい，$f: a \mapsto b$ と書く．

例えば，$A = \{1, 2, 3\}$ と $B = \{1, 2\}$ に対し，$f(1) = 2$, $f(2) = 1$, $f(3) = 2$ である写像 f は図 3.1 のように図示される．

　関数という言葉は，1 次関数，三角関数のように数に関係するもので，写像はさらに一般的なものと区別されることもあるが，実際には同じ意味で使われることがほとんどである．特に，数に関係しない写像もあり，例えば，x 県の県庁所在地を $f(x)$ 市と書くことにすると，f を県の集合から市の集合への写像とみなすことができ，「$f(神奈川) = 横浜$」のように書ける．

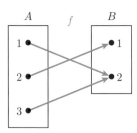

図 **3.1**　写像 f の図

3.1.2 全　　射

集合 A, B と写像 $f : A \to B$ に対し，B のすべての要素が A のある要素の像となるとき，f は**全射**であるという．写像 f で，定義域 A が終域 B の全体に写るという意味で，論理記号で書くと，

$$\forall b \in B, \exists a \in A, \ f(a) = b$$

である．例えば，図 3.2 左の写像 $f : A \to B$ は全射であるが，図 3.2 右のものは全射ではない．これは，図の青い点線で示した $b \in B$ を像とする A の元が存在しないことよりわかる．正確には，「写像 f が全射である」ことの否定が，

$$\exists b \in B, \forall a \in A, \ f(a) \neq b$$

であり，確かに，図 3.2 右の $b \in B$ が「$\forall a \in A, \ f(a) \neq b$」をみたしている．

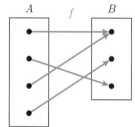 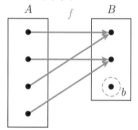

図 3.2 全射である写像 f（左）とそうでない写像 f（右）

全射の例として，スマートフォンのフリック入力でかな文字を入力することを考えよう．

　　A：文字の集合（句読点や濁点なども含む）

　　B：図 3.3 にある文字盤のマスの集合

としたとき，文字 $a \in A$ に対し，画面上で押すべき文字盤の位置を $f(a)$ で表すことにする．例えば，文字 "あ" を入力したければ，図 3.3 にある $f(あ)$ の位置を押すというものである．このとき，f は A を定義域，B を終域とする写像 $f : A \to B$ となり，さらに，文字盤のどの場所も何らかの文字が対応しているので，f は全射となる．

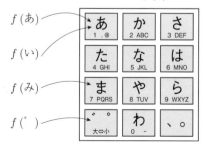

図 3.3 入力先の文字盤を表す写像 f

3.1.3 単 射

集合 A, B と写像 $f : A \to B$ に対し，A のどの 2 つの要素も B の同じ要素に写らないとき，f は**単射**であるという．写像 f で，定義域 A の要素が終域 B の別々の要素に写るという意味で，論理記号で書くと，

$$\forall a \in A, \forall a' \in A, \left(a \neq a' \to f(a) \neq f(a') \right)$$

である．その対偶

$$\forall a \in A, \forall a' \in A, \left(f(a) = f(a') \to a = a' \right)$$

も同じ意味で，こちらもよく使われる．

$$\forall a \in A, \forall a' \in A \setminus \{a\}, f(a) \neq f(a')$$

と書いてもよい．例えば，図 3.4 左の写像 $f : A \to B$ は単射であるが，図 3.4 右のものは単射ではない．これは，図 3.4 右で示した $a, a' \in A$ に対し，それらの像が一致していることよりわかる．こちらも正確には，「写像 f が単射である」ことの否定は，

$$\neg \left(\forall a \in A, \forall a' \in A, \left(a \neq a' \to f(a) \neq f(a') \right) \right)$$
$$\Leftrightarrow \quad \exists a \in A, \exists a' \in A, \neg \left(a = a' \lor f(a) \neq f(a') \right)$$
$$\Leftrightarrow \quad \exists a \in A, \exists a' \in A, \left(a \neq a' \land f(a) = f(a') \right)$$

となるため，図の $a, a' \in A$ が $a \neq a' \land f(a) = f(a')$ をみたしていることより示される．

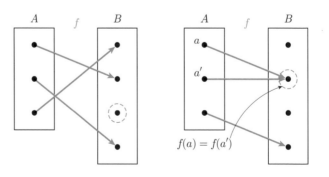

図 **3.4** 単射である写像 f（左）とそうでない写像 f（右）

単射の例も見てみよう．ある映画館の指定席で，

  A：指定席のチケットを買った人の集合

  B：映画館の指定席の集合

としたとき，チケットを買った各人 $a \in A$ に対し，図 3.5 のように，その指定席を $f(a)$ で表すとする．このとき，f は A を定義域，B を終域とする写像 $f : A \to B$ となり，さらに，2 人が同じ指定席を購入することはないので，この写像 f は単射となる．なお，指定席が完売した場合には，f が全射になることもわかるだろう．

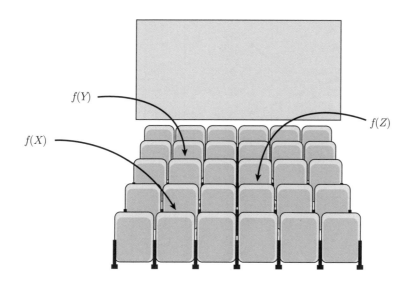

$f(Y)$

$f(Z)$

$f(X)$

図 **3.5** 映画館の指定席を表す写像 f

3.1.4　全単射と恒等写像

　集合 A, B に対し，写像 $f : A \to B$ が全射かつ単射であるとき，f は**全単射**，または**一対一対応**であるという．図 3.6 左は全単射の例であるが，この図のように，A の各要素と B の各要素が文字通り，一対一に対応していることがわかる．さらに，$B = A$ であり，各要素 $a \in A$ が自分自身に写るとき，つまり，任意の $a \in A$ で $f(a) = a$ が成り立つとき，f は**恒等写像**という．図 3.6 右は恒等写像の例である．

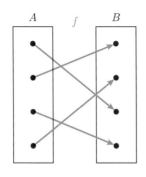 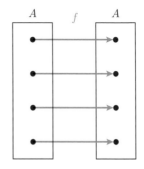

図 3.6　全単射である写像 f（左）と恒等写像 f（右）

　例えば，図 3.7 にあるようなマンツーマンディフェンスは，守備チームの選手を攻撃チームの選手に対応させるような全単射を作るディフェンスである．図では背番号の意味で恒等写像でのマンツーマンを表しているが，それ以外にも何種類も全単射があり，どの全単射を選ぶかがチームの戦略である．

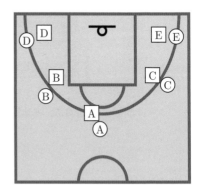

図 3.7　マンツーマンディフェンス

3.1.5　全射，単射，全単射の例

この項では，全射や単射の例を見よう.

例題 3.1

「各 $x \in \mathbb{R}$ に対し $f(x) = 2x + 1$」と定義される写像 $f : \mathbb{R} \to \mathbb{R}$ は，全単射であることを示せ.

【解答】　以下で，全射であることと単射であることをそれぞれ示す.

（全射性）　写像 f が全射であることは，感覚的にもわかるだろうが，定義に戻って論理的に証明しよう. 全射の定義より，終域の任意の $y \in \mathbb{R}$ に対し，ある $x \in \mathbb{R}$ が存在して $f(x) = y$ であることを示せばよい. 実際に，

$$x = \frac{1}{2}(y - 1)$$

とすれば，$x \in \mathbb{R}$ かつ，

$$f(x) = 2x + 1 = y$$

なので，$f(x) = y$ となる $x \in \mathbb{R}$ が見つかった.

（単射性）　写像 f が単射でもあることは，単射の定義より，定義域の任意の $x, x' \in \mathbb{R}$ に対し，$x \neq x'$ のときに $f(x) \neq f(x')$ を示せばよい. 実際に，

$$f(x) = 2x + 1 \neq 2x' + 1 = f(x')$$

なので，これが成り立つ. □

例題 3.2

$x \in \mathbb{R}$ に対し，$g(x) = x^2$ と定義される写像 $g : \mathbb{R} \to \mathbb{R}$ は，全射でも単射でもないことを示せ.

【解答】　以下で，それぞれを示そう.

（全射でないこと）　終域のある要素 $-1 \in \mathbb{R}$ に対し，

$$f(x) = x^2 = -1$$

となる定義域の要素 $x \in \mathbb{R}$ は存在しない. そのため，この写像 g は全射ではない.

（単射でないこと）　定義域のある要素 $1, -1 \in \mathbb{R}$ に対し，$1 \neq -1$ だが，

$$f(1) = f(-1) = 1$$

となるため，g は単射でもない. □

　上の例題 3.2 では，「全射ではない」「単射ではない」を示すために終域の要素 -1 や，定義域の要素 $1, -1$ という反例を挙げていることに注意してほしい．

問題 3.a　次のそれぞれの写像 f は全射であるか．また，単射であるか．それぞれを理由とともに答えよ．

(1)　$x \in \mathbb{Z}$ に対し，$f(x) = x + 5$ と定義される写像 $f : \mathbb{Z} \to \mathbb{Z}$

(2)　$x \in \mathbb{N}$ に対し，$f(x) = x + 5$ と定義される写像 $f : \mathbb{N} \to \mathbb{N}$

(3)　$A = \{0, 1, 2, 3, 4\}$ とし，$x \in A$ に対し，$f(x)$ で，

　　　「$x^2 + 1$ を 5 で割った余り」

　　を表すとする写像 $f : A \to A$

(4)　(3) の A において，$x \in A$ に対し，$f(x)$ で，

　　　「$x^3 + 1$ を 5 で割った余り」

　　を表すとする写像 $f : A \to A$

3.1.6　逆　写　像

　集合 A, B と全単射の写像 $f : A \to B$ においては，任意の $b \in B$ に対し，$f(a) = b$ となる $a \in A$ がただ 1 つ存在する．この対応は B から A への写像となっており，この写像を f の**逆写像**といい，f^{-1} と書く．つまり，$f(a) = b$ のとき，

$$f^{-1}(b) = a$$

である（図 3.8 参照）．なお，f^{-1} は "f のインバース" と読む．

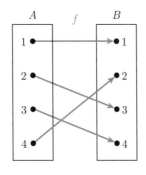
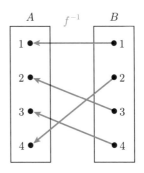

図 3.8　写像 f の逆写像 f^{-1}

　写像 f の逆写像は，f が全単射であるときのみ定義が可能だが，これは具体的な例を見れば理解できるだろう．例えば，図 3.9 左は全射ではない写像 f の例だが，$f(a) = 3$ となる $a \in A$ が存在しないので，$3 \in B$ に対し，図 3.9 右のように逆写像の像が決まらない．また，図 3.10 左は単射ではない写像 f の例だが，この場合には，

$$f(x) = f(z) = 1$$

となっており．$f^{-1}(1)$ を決めることができない．このように，全単射ではない写像に対しては，逆写像は存在しない．

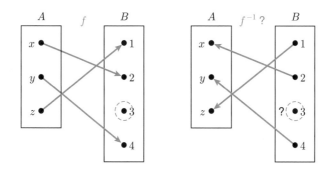

図 **3.9**　全射ではない写像 f の場合

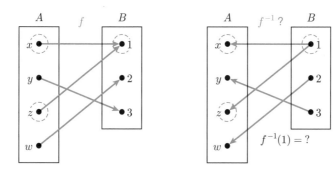

図 **3.10**　単射ではない写像 f の場合

3.1.7 写像の合成

　集合 A, B, C と 2 つの写像 $f : A \to B$, $g : B \to C$ を考えると, 任意の $a \in A$ に対し $f(a) = b$ である $b \in B$ が一意に決まり, さらに $g(f(a)) = g(b) = c$ である $c \in C$ が一意に決まる. このように, 各 $a \in A$ が $g(f(a)) = c$ となる $c \in C$ に写る写像を, f と g の**合成写像**といい, $g \circ f : A \to C$ と書く. つまり, 任意の $a \in A$ に対し,

$$(g \circ f)(a) = g(f(a))$$

である (図 3.11 参照). なお, 合成写像 $g \circ f$ は, 先に写像 f を行ってから写像 g を行うという順番に注意してほしい.

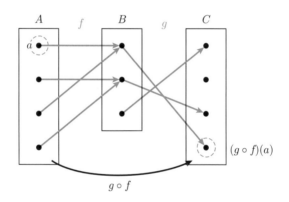

図 **3.11**　写像 f と写像 g の合成写像 $g \circ f$

問題 3.b　集合 $A = \{1, 2, 3\}$ に対し, 写像 $f_{12} : A \to A$ を,

$$f_{12}(1) = 2, \quad f_{12}(2) = 1, \quad f_{12}(3) = 3$$

と定義する. つまり, f_{12} は 1 と 2 を入れ替え, 3 はそのままにする写像である. また, 同様に写像 $f_{23} : A \to A$ を,

$$f_{23}(1) = 1, \quad f_{23}(2) = 3, \quad f_{23}(3) = 2$$

と定義する. このとき, 次の問いに答えよ.

(1)　合成写像 $f_{23} \circ f_{12}$ による 1 の像, 2 の像, 3 の像をすべて記述せよ.

(2)　$g = f_{12} \circ f_{23}$ を同様に求めよ.

(3)　g の逆写像 g^{-1} を同様に求めよ.

写像 f, g および合成写像 $g \circ f$ の全射性と単射性については，さまざまな関係があるのでいくつか紹介しよう．それらの命題の証明や反例を考えることは，論理を扱うよい練習となる．

── 例題 3.3 ──

集合 A, B, C と写像 $f : A \to B$, $g : B \to C$ に対し，f と g がともに全射ならば，合成写像 $g \circ f$ も全射であることを示せ．

【解答】f と g がともに全射であるとする．全射の定義より，任意の $c \in C$ に対し，ある $a \in A$ が存在して，

$$(g \circ f)(a) = c$$

であることを示せばよい．

任意の $c \in C$ を考える．g が全射なので，ある $b \in B$ に対し $g(b) = c$ が成り立つ．さらに，この $b \in B$ に対し，f は全射なので，ある $a \in A$ に対し $f(a) = b$ が成り立つ．したがって，この $a \in A$ に対し，

$$(g \circ f)(a) = g(b) = c$$

が成り立つ．これで全射の定義がみたされたので，合成写像 $g \circ f$ が全射であることが示せた（図 3.12 参照）．

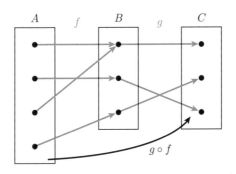

図 3.12 f と g が全射のとき，合成写像 $g \circ f$ も全射である ☐

--- 例題 **3.4** ---------------

集合 A, B, C と写像 $f : A \to B$, $g : B \to C$ に対し, f が単射で g が全射であっても, 合成写像 $g \circ f$ は全射であるとは限らないことを示せ.

【解答】 $A = \{a\}$, $B = \{1, 2\}$, $C = \{x, y\}$ に対し, $f(a) = 1$, $g(1) = x$, $g(2) = y$ とすると, f は単射, かつ g は全射だが, 合成写像 $g \circ f$ は全射ではない（図 3.13 参照）.

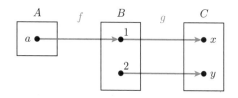

図 3.13 単射 f と全射 g の合成写像 $g \circ f$ が全射ではない例 □

問題 3.c 集合 A, B, C と写像 $f : A \to B$, $g : B \to C$ に対しての次のそれぞれの命題のうち, 正しいものには証明を与え, 誤っているものには反例を示せ.

(1) 写像 f が全射で写像 g が単射のとき, 合成写像 $g \circ f$ は単射である.

(2) 写像 f も写像 g も単射のとき, 合成写像 $g \circ f$ は単射である.

3.2 写像と集合の大きさの比較

全射と単射の定義より, 次の定理が直ちにわかる.

定理 3.5 有限集合 A, B に対し, 次が成り立つ.

(1) A から B への全射が存在する $\Leftrightarrow$ $|A| \geq |B|$ である.

(2) A から B への単射が存在する $\Leftrightarrow$ $|A| \leq |B|$ である.

(3) A から B への全単射が存在する $\Leftrightarrow$ $|A| = |B|$ である.

これらは基本的であるが非常に使いやすい. 例えば, 定理 3.5(3) は, ものを数えるときに非常に便利であり, これについては第 6 章で述べる. また, 定理 3.5(2) の $\Rightarrow$ の対偶である次の定理は, 鳩の巣原理という名前で知られている. （ディリクレの部屋割り論法などとも呼ばれている.）

> **定理 3.6** （鳩の巣原理） 有限集合 A, B に対し，$|A| > |B|$ であるとき，
> A から B への単射が存在しない．つまり，A から B へのどのような写像
> f に対しても，ある $a, a' \in A$ に対し，$a \neq a'$ かつ $f(a) = f(a')$ となる．

これは，

「$(n+1)$ 羽の鳩が n 個の巣に戻ると，ある巣に 2 羽以上の鳩が入る」

という現象より，その名前がついている（図 3.14 参照）．その現象が定理 3.6
とどう関わるか考えてほしい．鳩の巣原理の応用については，第 9 章で詳しく
扱う．

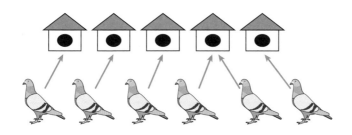

図 3.14 6 羽の鳩が，5 個の巣に戻ると

3.2.1 無限集合の濃度

2.1.1 項では有限集合の大きさを考えたが，ここでは無限集合の場合を考え
よう．特に，無限集合どうしの大きさの比較を行いたい．例えば，自然数全体
からなる集合 $\mathbb{N}$ は最も基本的な無限集合と言えるが，これに対し，次のように
考えるのが自然ではないだろうか．

- 整数全体からなる集合 $\mathbb{Z}$ は $\mathbb{N}$ を真に含んでいる，そのため，$\mathbb{N}$ は $\mathbb{Z}$ より小
  さいはずである．
- 集合 $A = \{x \in \mathbb{N} : x \text{ は偶数}\}$ は，$\mathbb{N}$ の真の部分集合となっている．そのた
  め，$\mathbb{N}$ は A よりも大きいはずである．

これらは自然な考え方であるが，無限集合の大小を下のように定義すると，驚
くべきことに正しくない．これについては例題 3.8, 3.9 で述べる．

　有限集合の大きさの比較については，定理 3.5 が成り立っていたことに注意しよう．当然，これは無限集合に対しても成り立っていてほしい．そこで，無限集合の大きさについては，逆に定理 3.5 を用いて，次のように定義してしまおう．なお，無限集合はその要素の数を数えることができないため，"大きさ"ではなく**濃度**という用語を用いる．

　A, B を集合とする．

- A から B への全単射が存在するとき，A と B の**濃度が等しい**という．
- A から B への単射が存在するとき，A は B より**濃度が同じか小さい**，あるいは，B は A より**濃度が同じか大きい**という．

　次の命題は**ベルンシュタインの定理**という名前で知られているもので，決して自明ではない．（どこが難しいのだろうか．ぜひ考えてみてほしい．）

定理 3.7　集合 A, B に対し，A は B より濃度が同じか小さく，B は A より濃度が同じか小さいとき，A と B の濃度が等しくなる．

　無限集合の濃度について，いくつかの例を見よう．

── 例題 3.8 ──
　$A = \{x \in \mathbb{N} : x \text{ は偶数}\}$ とすると，A と $\mathbb{N}$ は同じ濃度であることを示せ．

【解答】　「各 $x \in \mathbb{N}$ に対し $f(x) = 2x$」として定義される写像 $f : \mathbb{N} \to A$ が，全単射であることを示す．

（全射性）　任意の $y \in A$ に対し，$x = \frac{y}{2}$ とおくと，$x \in \mathbb{N}$ かつ $f(x) = y$ である．したがって，f は全射である．

（単射性）　任意の $x, x' \in \mathbb{N}$ に対し，$x \neq x'$ のとき，

$$f(x) = 2x \neq 2x' = f(x')$$

である．したがって，f は単射である．

　これらより，写像 $f : \mathbb{N} \to A$ は全単射であり，濃度の定義より，A と $\mathbb{N}$ は同じ濃度であることが示せた．　　　　　　　　　　□

― 例題 3.9 ―――――――――――――――――――――――――――――

$\mathbb{N}$ と整数全体からなる集合 $\mathbb{Z}$ は同じ濃度であることを示せ.

――――――――――――――――――――――――――――――――――

【解答】 写像 $f : \mathbb{N} \to \mathbb{Z}$ を, 各 $x \in \mathbb{N}$ に対し,

$$f(x) = \begin{cases} \frac{-x+1}{2} & x \text{ が奇数} \\[2mm] \frac{x}{2} & x \text{ が偶数} \end{cases}$$

で定義されるものとすると, この写像 f が全単射となる.（全単射であること
は, 各自で確認してほしい.）したがって, $\mathbb{N}$ と $\mathbb{Z}$ は同じ濃度である.　　　□

　無限集合の濃度は, 有限集合に対する定理 3.5 が成り立つように定義したが,
この定義だと, $\mathbb{N}$ も $\mathbb{Z}$ も $A = \{x \in \mathbb{N} : x \text{ は偶数}\}$ もすべて同じ濃度になって
しまった. つまり, $\mathbb{N}$ と $\mathbb{Z}$ の濃度を比較するとき, 「$\mathbb{Z}$ から $\mathbb{N}$ を除いても負の
整数が残るため, $\mathbb{Z}$ の方が濃度が大きい」という議論は成り立たない. 無限の
不思議さがよく現れている現象と思う.

　自然数全体からなる集合 $\mathbb{N}$ と同じ濃度の集合を**可算無限集合**といい, その濃
度を $\aleph_0$（アレフ・ゼロ）と書く. つまり, 可算無限集合は「$\mathbb{N}$ からの全単射が
存在する集合」だが, その言いかえである「全要素を順番に並べられる集合」と
考えると便利なことが多い. 例えば, 例題 3.8 にある集合 A は, $2, 4, 6, 8, \ldots$
のように順番に並べられ, 例題 3.9 にある $\mathbb{Z}$ は,

$$0, 1, -1, 2, -2, 3, \ldots$$

のように並べられることより, どちらも可算無限集合であることがわかる. ど
ちらも, その解答中の写像 f を用いて, $f(1), f(2), f(3), \ldots$ として得られる順
番である. また, 可算無限集合ではない無限集合を**非可算無限集合**という.

問題 3.d　$B = \{2k : k \in \mathbb{Z}\}$ が可算無限集合であることを, $\mathbb{N}$ から B への全単射を
与えることで示せ.

　例題 3.9 により, 整数全体からなる集合 $\mathbb{Z}$ は可算無限集合であることが示せ
たが, 実は, 有理数全体からなる集合 $\mathbb{Q}$ も可算無限集合となる. これは直観に
反するかもしれないが, 次のように $\mathbb{N}$ との対応をつけることによって示すこと
ができる.

例題 3.10

正の有理数全体からなる集合 $\mathbb{Q}_{>0} = \{x \in \mathbb{Q} : x > 0\}$ が可算無限集合
であることを示せ.

【解答】 $\mathbb{Q}_{>0}$ の各要素を既約分数 $\frac{p}{q}$ とし（自然数の場合は $q = 1$ とする），こ
れを $p + q$ が小さい順，$p + q$ が同じならば p が小さい順で並べればよい．図
3.15 にあるように，

$$\frac{1}{1}, \frac{1}{2}, \frac{2}{1}, \frac{1}{3}, \frac{3}{1}, \frac{1}{4}, \cdots$$

の順番に並んでいる.（約分可能なものは除かれていることに注意してほしい.）

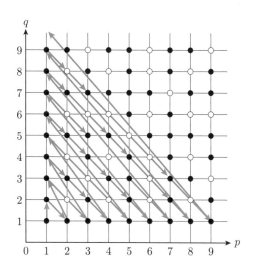

図 3.15 正の有理数全体からなる集合 $\mathbb{Q}_{>0}$ の要素の並べ方 ☐

例題 3.10 では正の有理数全体からなる集合 $\mathbb{Q}_{>0}$ が可算無限集合であること
を示したが，例題 3.9 のように考えれば，負も含めた有理数全体からなる集合
$\mathbb{Q}$ も可算無限集合であることを示すことができる．したがって，$\mathbb{Z}$ も $\mathbb{Q}$ も $\mathbb{N}$
と同じ濃度で，可算無限集合となっている.

この事実より，実数全体からなる集合 $\mathbb{R}$ も可算無限だと想像するかもしれないが，実はこれは正しくない．次で示すように，$\mathbb{R}$ は非可算無限集合であり，驚くべきことに $\mathbb{Q}$ より真に大きな濃度を持っている．

── 例題 3.11 ──

実数全体からなる集合 $\mathbb{R}$ は非可算無限集合であることを示せ．

これは次のようにして証明できる．ここで用いられている証明方法は，特に**対角線論法**という名前で知られている．

【例題 3.11 の解答】 簡単のため，$\{x \in \mathbb{R} : 0 < x < 1\}$ を考え，それが可算無限集合であると仮定し，矛盾を導く．このとき，$\{x \in \mathbb{R} : 0 < x < 1\}$ のすべての要素を順番に並べられるので，その順番を $x_1, x_2, x_3, \ldots$ とする．また，各 i に対し x_i を小数表記して，

$$x_i = 0.x_{i,1}x_{i,2}x_{i,3}\cdots \quad (x_{i,j} \in \{0, 1, \ldots, 9\})$$

と書く．ここで各 i に対し，

$$y_i = \begin{cases} 1 & x_{i,i} \neq 1 \\ 2 & x_{i,i} = 1 \end{cases}$$

とおいて，これを並べてできる小数

$$y = 0.y_1y_2y_3\cdots$$

を考えよう．明らかに $y \in \{x \in \mathbb{R} : 0 < x < 1\}$ である．一方で，y は，x_1 とは小数第 1 位が異なり，x_2 とは小数第 2 位が異なり，$\cdots$，x_i とは小数第 i 位が異なるため，y はどの x_i とも異なっている．これは，y が上の順番に現れないことを意味しており，$\{x \in \mathbb{R} : 0 < x < 1\}$ のすべての要素を並べたことと矛盾している．これより，$\{x \in \mathbb{R} : 0 < x < 1\}$ が非可算無限集合であることが示せた． □

●●●●●●●●●●●●●●●●●●●●●● **演 習 問 題** ●●●●●●●●●●●●●●●●●●●●●●●

演習 3.1 集合 $A = \{a, b, c\}$ と $B = \{1, 2, 3, 4\}$ に対し,次の問いに答えよ.

(1) A から B への写像はいくつあるか.

(2) A から B への全射はいくつあるか.

(3) A から B への単射はいくつあるか.

演習 3.2 集合 A, B と写像 $f : A \to B$ に対し,部分集合 $X \subseteq A$ において,

$$f(X) = \{f(x) : x \in X\}$$

と書くことにする.ただし,$X = \varnothing$ のときは $f(\varnothing) = \varnothing$ と定義する.次の命題で正しいものには証明を与え,そうでないものは反例を示せ.

(1) 任意の部分集合 $X, Y \subseteq A$ に対し,

$$f(X) \cap f(Y) = f(X \cap Y)$$

(2) 任意の部分集合 $X, Y \subseteq A$ に対し,

$$f(X) \cup f(Y) = f(X \cup Y)$$

演習 3.3 集合 A, B, C と写像 $f : A \to B, g : B \to C$ に対しての次のそれぞれの命題のうち,正しいものには証明を与え,誤っているものには反例を示せ.

(1) 合成写像 $g \circ f$ が単射のとき,写像 f も単射である.

(2) 合成写像 $g \circ f$ が単射のとき,写像 g も単射である.

演習 3.4 自然数全体からなる集合 $\mathbb{N}$ のべき集合 $2^{\mathbb{N}}$ が非可算無限集合であることを示せ.

ヒント:$2^{\mathbb{N}}$ が可算無限集合であると仮定する.このとき,$\mathbb{N}$ から $2^{\mathbb{N}}$ への全単射 f が存在する.次の部分集合 $X \subseteq \mathbb{N}$ を考える.

$$X = \{x \in \mathbb{N} : x \notin f(x)\}$$

f が全単射(特に全射)なので,ある $x_0 \in \mathbb{N}$ に対し $f(x_0) = X$ となる.以降を $x_0 \in X$ である場合と $x_0 \notin X$ である場合に分けて,どちらの場合にも矛盾を導くことで証明を完成させよ.

第4章

二 項 関 係

　集合の要素どうしの関係，例えば等号の関係や大小関係などが重要となる場合が多い．そのような関係は，二項関係と呼ばれる．本章では，特に重要な性質を持つ二項関係である同値関係と順序関係について学ぶ．形式的な証明が続くが，そのような議論に慣れてほしい．

4.1　二項関係の定義

　集合 A に対し，A^2 の部分集合 R を A 上の**関係**または**二項関係**という．これだけだと抽象的でわかりにくいので具体的な例を考えよう．例えば，整数全体からなる集合 $\mathbb{Z}$ に対し，

$$R_1 = \{(x, y) \in \mathbb{Z}^2 : x \text{ は } y \text{ より小さい}\}$$

とおくと，この R_1 は $\mathbb{Z}$ 上の大小関係を表している．これは，大小関係が成り立つ整数 x, y の順序対 (x, y) をすべて集めたものなので，R_1 は大小関係と同じものを表しているとみなせる．

　さらに，A 上の二項関係 R に対し，$(x, y) \in R$ のときに $x \sim y$ や $x \simeq y$ のような記号 $\sim, \simeq$ などで二項関係を表すことにする．このとき，$(x, y) \notin R$ は $x \nsim y$ や $x \not\simeq y$ のように書く．

　例えば，上の二項関係 R_1 は，"$<$" という記号を用いて，$x, y \in \mathbb{Z}$ に対し

$$(x, y) \in R_1 \ \Leftrightarrow \ x < y$$

と書くことにすると，これが通常の不等号 $<$ を表していることがわかるだろう．また，

$$R_2 = \{(x, y) \in \mathbb{Z}^2 : x \text{ は } y \text{ と等しい}\}$$

という二項関係は，$=$ という記号で，$x, y \in \mathbb{Z}$ に対し，

$$(x, y) \in R_2 \ \Leftrightarrow \ x = y$$

と書くことにすると，これは通常の等号 = を表している．

　このように，集合 A 上の二項関係は，A^2 の部分集合ではなく，上のような記号を用いて表すことができる．以降では，そのような記号で二項関係を表すことにする．

4.2　同値関係と同値類への分割

　例えば，植物の集合

$$X = \{\text{リンゴ}, \text{バラの花}, \text{バナナ}, \text{タンポポの花}, \text{メロン}\}$$

を考えよう（図 4.1 参照）．

　それぞれの色を考えると，

　　$\{$リンゴ, バラの花$\}$ という赤いグループ

　　$\{$バナナ, タンポポの花$\}$ という黄色いグループ

　　$\{$メロン$\}$ という緑のグループ

へと分類できる．また，

　　$\{$リンゴ, バナナ, メロン$\}$ という果物グループ

　　$\{$バラの花, タンポポの花$\}$ という花のグループ

という分類も考えられる（図 4.2 参照）．さらには，植物という観点から X だけの 1 グループからなる分類や，$\{$リンゴ, タンポポの花$\}$ と $\{$バラの花, バナナ, メロン$\}$ のような，観点のよくわからない分類も考えられるだろう．

　このような，何らかの意味で "同じ" 要素をグループとして分類することを考える．例えば，

　　「自然数を 5 で割った余りで分類する」

　　「図形を形で分類する」

などの分類は見たことがあると思う．こういった分類は，数学的には次の手順

図 **4.1**　植物の集合 X

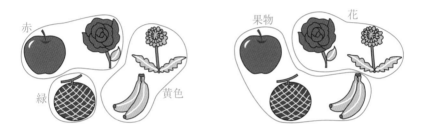

図 **4.2**　植物の集合 X の分類の例

で行われることになる. 上の植物の集合 X における, 同じ色のグループを例にとって説明しよう.

> (1)　集合 X の各要素 $x, y \in X$ に対し, x と y が同じ色のとき, かつそのときに限り $x \sim y$ とする二項関係 $\sim$ を考える.
>
> (2)　ある要素 $x \in X$ に対し,
>
> $$C_x = \{y \in X : x \sim y\}$$
>
> と定義する. つまり, C_x は x と同じ色のものの集合である. この C_x たちが, 1 つ 1 つのグループを表している.

以下では, この分類について順番に学習する.

4.2.1 同 値 関 係

まず，上の (1) にある "同じ色" のような，何らかの意味で "同じ" を表す二項関係を考える．まず，何らかの意味で "同じ" というとき，次のことは自然に成り立っていることが期待されるだろう．

● 任意の要素 x は，x 自身と "同じ" である．
● 任意の要素 x, y に対し，x が y と "同じ" ならば，y は x と "同じ" である．
● 任意の要素 x, y, z に対し，x は y と "同じ" であり，y は z と "同じ" ならば，x は z と "同じ" である．

どれも作為的に見えるが，それらが成り立つことに異議はないだろう．これらの当たり前な条件をみたす二項関係を「同値関係」と呼んで，何らかの意味で "同じ性質" を考える際に利用することにしよう．

　正確には，集合 A 上の二項関係 $\sim$ において，以下の性質をそれぞれ**反射律**，**対称律**，**推移律**と呼ぶ．

[反射律]　任意の $x \in A$ に対し，$x \sim x$ である．
[対称律]　任意の $x, y \in A$ に対し，$x \sim y$ ならば $y \sim x$ である．
[推移律]　任意の $x, y, z \in A$ に対し，$x \sim y$ かつ $y \sim z$ ならば $x \sim z$ である．

　その3つの性質をみたすような二項関係を，**同値関係**という．

―― 例題 4.1 ――――

$\mathbb{Z}$ 上の二項関係 $\equiv$ を，$x, y \in \mathbb{Z}$ に対し，

$$x \equiv y \iff \frac{x - y}{5} \text{ が整数である}$$

と定義する．このとき，$\equiv$ は同値関係となることを示せ．

【解答】 3つの性質が成り立つことを示せばよい．
（反射律）　$x \in \mathbb{Z}$ に対し，$\frac{x-x}{5} = 0$ が整数なので反射律は成り立つ．
（対称律）　$x, y \in \mathbb{Z}$ に対し，$x \equiv y$ を仮定して $y \equiv x$ を示す．$x \equiv y$ のとき，$\equiv$ の定義より $\frac{x-y}{5}$ は整数となるが，$\frac{y-x}{5} = -\frac{x-y}{5}$ も整数となり，これは $y \equiv x$ を意味する．したがって，対称律も成り立つ．

（推移律）　$x, y, z \in \mathbb{Z}$ に対し，$x \equiv y$ と $y \equiv x$ を仮定して $x \equiv z$ を示す．$x \equiv y$ と $y \equiv z$ を仮定すると，$\frac{x-y}{5}$ と $\frac{y-z}{5}$ も整数となるが，$\frac{x-z}{5} = \frac{x-y}{5} + \frac{y-z}{5}$ も整数なので $x \equiv z$ である．したがって，推移律も成り立つ．

　これより，$\equiv$ は同値関係となる．（これは，x と y が 5 で割った余りが同じときに $x \equiv y$ となる二項関係である．）　　　　　　　　　　　　　　□

── 例題 4.2 ──

　実数全体からなる集合 $\mathbb{R}$ 上の，大小関係を表す二項関係 $\leq$ は同値関係ではないことを示せ．

【解答】　二項関係 $\leq$ では対称律は成り立たないので，同値関係ではない．これを示すためには $x \leq y$ かつ $y \not\leq x$ をみたす $x, y \in \mathbb{R}$ を与えればよい．例えば，$x = 1,\, y = 2$ がそのような例である．　　　　　　　　　　　　□

　なお，例題 4.2 にある大小関係 $\leq$ については，反射律と推移律は以下のように示すことができる．これは，4.3.1 項で詳しく述べる．

（反射律）　$x \in \mathbb{R}$ に対し，$x \leq x$ なので反射律は成り立つ．

（推移律）　$x, y, z \in \mathbb{R}$ に対し，$x \leq y$ と $y \leq z$ を仮定する．このとき，$x \leq z$ であるので，推移律は成り立つ．

問題 4.a　実数全体からなる集合 $\mathbb{R}$ 上の二項関係 $\sim$ を，$x, y \in \mathbb{R}$ に対し，

$$x \sim y \quad \Leftrightarrow \quad x - y \text{ が整数}$$

と定義する．このとき，$\sim$ が $\mathbb{R}$ 上の同値関係であることを示せ．

4.2.2　同　値　類

　集合 A 上の同値関係 $\sim$ と A の各要素 $x \in A$ に対し，

$$C_x = \{y \in A : x \sim y\}$$

を x の**同値類**という．C_x ではなく $[x]_\sim$ という記号が使われることもある．これが，本節の最初に述べたように，何らかの意味で "同じ" 要素からなるグループになる．

┌─ **例題 4.3** ─────────────────────────────────

　　例題 4.1 の同値関係 ≡ において，$0 \in \mathbb{Z}$ に対する同値類 C_0 は，

$$C_0 = \{a \in \mathbb{Z} : a \text{ は } 5 \text{ の倍数}\}$$

であることを示せ．

└──

【解答】　以下の 2 つを示せばよい．

- $x \in C_0$ に対し，$0 \equiv x$ なので $\frac{0-x}{5} = -\frac{x}{5}$ が整数である．これは x が 5 の倍数であることを意味するので，$x \in \{a \in \mathbb{Z} : a \text{ は } 5 \text{ の倍数}\}$ である．つまり，$C_0 \subseteq \{a \in \mathbb{Z} : a \text{ は } 5 \text{ の倍数}\}$ が示せた．

- 逆に，$x \in \{a \in \mathbb{Z} : a \text{ は } 5 \text{ の倍数}\}$ とする．このとき，$\frac{x-0}{5} = \frac{x}{5}$ は整数なので，$x \equiv 0$ が成り立つ．$\equiv$ の対称律より $0 \equiv x$ であり，$x \in C_0$ となる．つまり，$\{a \in \mathbb{Z} : a \text{ は } 5 \text{ の倍数}\} \subseteq C_0$ が示せた．

したがって，$C_0 = \{a \in \mathbb{Z} : a \text{ は } 5 \text{ の倍数}\}$ である．　　　　　□

問題 4.b　問題 4.a における同値関係 $\sim$ に対し，$0 \in \mathbb{R}$ の同値類 C_0 を求めよ．

　同値類は以下のような性質を持ち，これが集合の要素の分類に使われる．

┌──

　定理 4.4　集合 A 上の同値関係 $\sim$ において，以下が成り立つ．

(1)　$x \in A$ に対し $x \in C_x$ である．

(2)　$x, y \in A$ に対し，$x \sim y$ ならば $C_x = C_y$ である．

(3)　$x, y \in A$ に対し，$x \not\sim y$ ならば $C_x \cap C_y = \varnothing$ である．

└──

［証明］　(1)　$\sim$ の反射律より，$x \sim x$ なので，C_x の定義より，$x \in C_x$ が成り立つ．

(2)　まず，$C_x \subseteq C_y$ を示す．任意の $z \in C_x$ に対し，C_x の定義より，$x \sim z$ である．また，$x \sim y$ と $\sim$ の対称律から，$y \sim x$ であり，$\sim$ の推移律より，$y \sim z$ が成り立つ．これは $z \in C_y$ を意味するので，これで $C_x \subseteq C_y$ が示せた．同様にして，$C_y \subseteq C_x$ も示せ，$C_x = C_y$ が成り立つ．

(3)　対偶の

$$C_x \cap C_y \neq \varnothing \text{ ならば } x \sim y$$

を示す.$C_x \cap C_y \neq \varnothing$ と仮定すると,$z \in C_x \cap C_y$ が存在する.C_y の定義より,$y \sim z$ なので,$\sim$ の対称律より $z \sim y$ である.さらに,C_x の定義より,$x \sim z$ なので,推移律より $x \sim y$ が成り立つ. $\square$

4.2.3 集合の分割

4.2 節の最初で述べたように,集合の要素を同値類を用いて分類したい.これは,数学的には「分割」と呼ばれるが,そのためにまず分割の正確な定義を与える.集合 A と,その部分集合たちの集合族 $\mathcal{P}$ が以下の 3 つの条件をみたすとき,$\mathcal{P}$ を A の**分割**と呼ぶ.

[被覆性]　$A = \bigcup_{X \in \mathcal{P}} X$.
[排反性]　$X, Y \in \mathcal{P}$ に対し,$X \neq Y$ ならば $X \cap Y = \varnothing$ である.
[非空性]　任意の $X \in \mathcal{P}$ に対し,$X \neq \varnothing$ である.

―― 例題 4.5 ――

自然数全体からなる集合 $\mathbb{N}$ に対し,

$$X_{\text{odd}} = \{x \in \mathbb{N} : x \text{ は奇数}\} \text{ かつ } X_{\text{even}} = \{x \in \mathbb{N} : x \text{ は偶数}\}$$

とおくと,$\{X_{\text{odd}}, X_{\text{even}}\}$ は $\mathbb{N}$ の分割となることを示せ.

【解答】　以下の,分割の 3 条件を示せばよい.(それぞれは簡単に示せるので,各自で確かめてほしい.)

(被覆性)　$X_{\text{odd}} \cup X_{\text{even}} = \mathbb{N}$

(排反性)　$X_{\text{odd}} \cap X_{\text{even}} = \varnothing$

(非空性)　$X_{\text{odd}} \neq \varnothing$ かつ $X_{\text{even}} \neq \varnothing$ $\square$

問題 4.c　素数 p に対し,

$$X_p = \{x \in \mathbb{N} : x \text{ の最大素因数が } p\}$$

とおく.例えば,$10 \in X_5$ だが $10 \notin X_2$ である.このとき,

$$\{X_p : p \text{ は素数}\} = \{X_2, X_3, X_5, \dots\}$$

は,自然数全体からなる集合 $\mathbb{N}$ の分割だろうか.

4.2.4 同値類への分割と商集合

本項では，以下の定理を示そう．これにより，"同じ"要素をグループとして分類するという目的が達成できる．

> **定理 4.6** 集合 A の同値関係 $\sim$ に対し，同値類全体からなる集合 $\{C_x : x \in A\}$ は A の分割となる．

定理 4.6 における $\{C_x : x \in A\}$ を，集合 A の同値関係 $\sim$ による**商集合**といい，

$$A/\sim$$

と書く．定理 4.6 の証明を行う前に，商集合の例を見ておこう．

ジョーカー抜きのトランプのカードの集合を X とし，スート（♠, ♣, ♡, ◇ の種類）が同じときに同値とみなす同値関係 $\sim$ を考える．例えば，♠A $\sim$ ♠2 であるが，♠A $\not\sim$ ◇A である．このとき，

$$X/\sim = \{C_{♠\mathrm{A}}, C_{♣\mathrm{A}}, C_{♡\mathrm{A}}, C_{◇\mathrm{A}}\}$$

となる（図 4.3 参照）．$C_{♠\mathrm{A}} = C_{♠2}$ であるので，

$$X/\sim = \{C_{♠2}, C_{♣\mathrm{A}}, C_{♡\mathrm{A}}, C_{◇\mathrm{A}}\}$$

図 4.3 トランプにおける，スートによる同値関係 $\sim$ での同値類

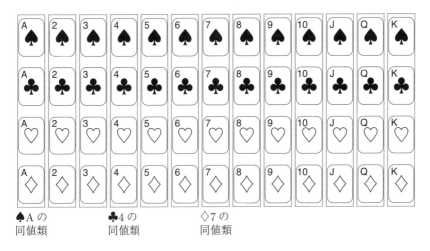

図 **4.4** トランプにおける，数字による同値関係 ≈ での同値類

と書いてもよい．また，数字が同じときに同値とみなす同値関係 ≈ を考えると，

$$X/\approx = \left\{ C_{\spadesuit\mathrm{A}}, C_{\spadesuit 2}, \ldots, C_{\spadesuit 10}, C_{\spadesuit\mathrm{J}}, C_{\spadesuit\mathrm{Q}}, C_{\spadesuit\mathrm{K}} \right\}$$

である（図 4.4 参照）．

商集合 $X/\sim$ では，52 枚のトランプをスートが同じ 13 枚を 1 組とする同値関係 $\sim$ を考えているので，$\frac{52}{13} = 4$ で 4 つの同値類へと分割されている．また，$X/\approx$ では，数字が同じ 4 枚を 1 組とする同値関係 ≈ を考えているので，$\frac{52}{4} = 13$ で 13 個の同値類へと分割されている．このような計算が背後にあるため，商集合の記号には割り算を表す $X/\sim$ が使われている．

[**定理 4.6 の証明**] 同値類全体からなる集合 $\{ C_x : x \in A \}$ が A の分割となることを示すため，分割の 3 つの条件を確認する．

（被覆性） $A = \bigcup_{x \in A} C_x$ を示せばよい．任意の $x \in A$ に対し，定理 4.4(1) により $x \in C_x$ である．したがって，$A \subseteq \bigcup_{x \in A} C_x$ が成り立つ．逆に，任意の $x \in A$ に対し $C_x \subseteq A$ なので，$\bigcup_{x \in A} C_x \subseteq A$ も成り立つ．よって，被覆性が示せた．

（排反性） $x, y \in A$ に対し，$C_x \neq C_y$ ならば $C_x \cap C_y = \varnothing$ を示せばよい．$C_x \neq C_y$ のとき，定理 4.4(2) の対偶により $x \not\sim y$ である．さらに定理 4.4(3) より $C_x \cap C_y = \varnothing$ が成り立つ．したがって排反性が示せた．

（非空性） $x \in A$ に対し，定理 4.4(1) により $x \in C_x$ なので $C_x \neq \varnothing$ である．したがって非空性も示せた．

以上より，同値類全体からなる集合 $\{C_x : x \in A\}$ が A の分割となる．　　□

問題 4.d　問題 4.a における同値関係 ～ に対し，$\{C_x : 0 \leq x < 1\}$ が $\mathbb{R}$ の分割であることを示せ．

4.2.5　集合の分割と同値関係

前項では，集合の同値関係から同値類を作り，それが集合の分割となることを示した．その逆に，集合の分割から同値関係を作る方法が知られているのでそれを示そう．

> 定理 4.7　$\mathcal{P}$ を集合 A の分割とする．このとき，$x, y \in A$ に対し，
>
> $$x \sim y \iff \text{ある } X \in \mathcal{P} \text{ が存在して，} x, y \in X \text{ をみたす}$$
>
> と定義される二項関係 ～ は A 上の同値関係となる．また，その商集合 $A/\!\sim$ は $\mathcal{P}$ と一致する．

[証明]　まず，二項関係 ～ は A 上の同値関係となることを示そう．

（反射律） $x \in A$ に対し，分割の被覆性より，ある $X \in \mathcal{P}$ が存在して，$x \in X$ となる．これにより，$x \sim x$ なので反射律は成り立つ．

（対称律） $x, y \in A$ に対し，$x \sim y$ であると仮定する．すなわち，ある $X \in \mathcal{P}$ が存在して，$x, y \in X$ が成り立つ．明らかに $y, x \in X$ なので，$y \sim x$ が成り立ち，これより対称律が示せた．

（推移律） $x, y, z \in A$ に対し，$x \sim y$ かつ $y \sim z$ であると仮定する．すなわち，ある $X \in \mathcal{P}$ が存在して $x, y \in X$ が成り立ち，ある $X' \in \mathcal{P}$ が存在して $y, z \in X'$ が成り立つ．ここで，$y \in X \cap X'$ なので $X \cap X' \neq \varnothing$ である．分割の排反性の対偶より，$X = X'$ であり，$x, y, z \in X = X'$ が成り立つ．よって，$x \sim z$ なので，推移律も成り立つ．

最後に，商集合 $A/\sim$ が $\mathcal{P}$ と一致することを示す．（ここからは証明が込み入っているため，何を示しているかを考えながら読み進めてほしい．）

$C_x \in A/\sim$ に対し，$\mathcal{P}$ の被覆性より，ある $X \in \mathcal{P}$ が x を含む．このとき，$y \in C_x$ に対し，C_x の定義より $x \sim y$ だが，$\sim$ の定義より $y \in X$ である．これは $C_x \subseteq X$ を意味する．また，$y \in X$ に対し，$\sim$ の定義より $x \sim y$ だが，C_x の定義より $y \in C_x$ である．これは $X \subseteq C_x$ を意味する．したがって，

$$C_x = X \in \mathcal{P}$$

が示せたため，これより $A/\sim \subseteq \mathcal{P}$ となる．

また，その逆に，$X \in \mathcal{P}$ に対し，$\mathcal{P}$ の非空性より $X \neq \varnothing$ なので，ある $x \in X$ が存在する．上と同様にすると，

$$X = C_x$$

が示せ，これで $\mathcal{P} \subseteq A/\sim$ が成り立つことも示せた．これらより $A/\sim = \mathcal{P}$ が成り立つ．　　　　　　　□

4.3　順　序　関　係

本節では，同値関係とともに重要な二項関係である順序関係を学ぶ．同値関係は等号のような二項関係を表すのに対し，順序関係は不等号のような二項関係を表している．

4.3.1　順　序　関　係

例題 4.2 で示したように，$\mathbb{R}$ 上の不等号 $\leq$ という二項関係は，対称律が成り立たないため，同値関係ではない．その代わりに次の 2 つの性質が成り立っている．

- $x, y \in \mathbb{R}$ に対し，$x \leq y$ かつ $y \leq x$ ならば $x = y$ である．
- $x, y \in \mathbb{R}$ に対し，$x \leq y$ または $y \leq x$ のどちらかが成り立つ．

特に 1 つ目は作為的に見えるだろうが，成り立つことに異論はないだろう．不等号のような関係を表すため，そのような性質たちをみたしている二項関係を，次のように順序関係と定義しよう．

集合 A 上の二項関係 $\preceq$ で，次の 4 つの性質をみたすものを A 上の**全順序関係**または**線形順序**という．

[反射律]　任意の $x \in A$ に対し，$x \preceq x$ である.

[反対称律]　任意の $x, y \in A$ に対し，$x \preceq y$ かつ $y \preceq x$ ならば $x = y$ である.

[推移律]　任意の $x, y, z \in A$ に対し，$x \preceq y$ かつ $y \preceq z$ ならば $x \preceq z$ である.

[完全律]　任意の $x, y \in A$ に対し，$x \preceq y$ または $y \preceq x$ の少なくともどちらか一方が成り立つ.

また，集合 A 上の二項関係 $\preceq$ が反射律，反対称律，推移律をみたすとき，$\preceq$ を A 上の**半順序関係**，または単に**半順序**といい，集合 A と半順序 $\preceq$ の組 $(A, \preceq)$ を**半順序集合**，または**ポセット**という．（ポセットは，半順序集合の英語 partially ordered set の略語である.）

半順序集合 $(A, \preceq)$ の 2 つの元 x, y に対し，$x \preceq y$ または $y \preceq x$ のどちらかが成り立つとき，x と y は**比較可能**であるという．また，どちらも成り立たないとき，x と y は**比較不可能**であるという．すべての元のペア x, y が比較可能であるとき，半順序関係 $\preceq$ は全順序関係となる.

── 例題 4.8 ──

集合 $A = \{1, 2, 3, 4, 5, 6\}$ 上で，$x, y \in A$ に対し，

$$x \preceq y \iff x \text{ が } y \text{ の約数である}$$

と定義すると，$(A, \preceq)$ は半順序集合となることを示せ.

【解答】　次の 3 つの性質が成り立つことを示せばよい.

（反射律）　$x \in A$ に対し，x は x の約数なので，反射律は成り立つ.

（反対称律）　$x, y \in A$ に対し，$x \preceq y$ と $y \preceq x$ を仮定する．定義より，x は y の約数で，かつ y は x の約数であるが，これは $x = y$ のときのみ正しい．したがって，反対称律も成り立つ.

（推移律）　$x, y, z \in A$ に対し，$x \preceq y$ かつ $y \preceq z$ と仮定する．定義より，x は y の約数で，かつ y は z の約数であるが，これより，x は z の約数，つまり $x \preceq z$ である．したがって，推移律も成り立つ.　　　　　□

例題 4.8 の半順序集合 $(A, \preceq)$ において, $2, 3 \in A$ に対し, 2 は 3 の約数でなく, 3 は 2 の約数でもないので, 2 と 3 は比較不可能である. したがって, 完全律は成り立たず, 例題 4.8 の順序関係 $\preceq$ は全順序関係ではない.

問題 4.e $A = \{1, 2, 3, 4, 5, 6\}$ 上で, $x, y \in A$ に対し,

$$x \preceq y \iff y - x \in \{0, 2, 3, 4, 5\}$$

と定義すると, $(A, \preceq)$ が半順序集合であることを示せ.

4.3.2 記 号 の 話

ここまでで述べた同値関係と順序関係について, その記号について注意しておこう. どちらも二項関係で, その記号は本来はなんでもよいはずだが, わかりやすさのために, 通常は次のように区別される.

同値関係は, 何らかの意味で "同じ" 関係を表しているので, 等号 $=$ や類似の記号が使われることが多い. 特に, 等号 $=$ は, 通常, 完全に等しい関係を表す. $\equiv$ は, 図形が回転や平行移動で重なることや整数で余りが等しいことなど, 合同の関係を表すことがほとんどである. その他の同値関係では, $\sim$, $\simeq$, $\approx$ などの記号が用いられる.

一方で, 順序関係では, 数の大小を表す不等号 $<$ や $\leq$, 集合の部分集合の関係を表す $\subseteq$ が代表的なもので, 他の順序関係では $\preceq$, $\sqsubseteq$, $\lhd$ なども使われる. いずれにせよ, 順序関係では, 通常, 右側が大きいという気持ちを込めて, 左右対称的でない記号を使うことが一般的である.

4.3.3 半順序関係のハッセ図

半順序集合を見やすくするために「ハッセ図」という表記がよく用いられる. それを説明するために, まず, 半順序集合 $(A, \preceq)$ を次の規則で図に描こう.

- 集合 A の各要素を点として表す.
- 2 つの要素 $x, y \in A$ に対し, $x \preceq y$ のとき, x に対応する点から y に対応する点へ矢印を描く.

例えば, 例題 4.8 の半順序集合 $(A, \preceq)$ に対しては, 図 4.5 左のように図が描ける. ただし, この図には無駄があるのでそれを省こう.

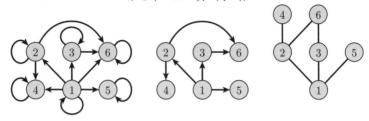

図 **4.5** 例題 4.8 の半順序集合 $(A, \preceq)$ の図

まず，反射律が成り立つことより，すべての点は自分自身への矢印を持つ．そのため，そのような矢印は必ず存在するとして，省略してしまおう．また，$x \to y$ と $y \to z$ という矢印があるならば，推移律より $x \to z$ という矢印もあることがわかる．そのため，この場合は $x \to z$ という矢印も消してしまう．その操作を行ったものが図 4.5 中央である．

さらに，$x \to y$ という矢印があるとき，「y を x よりも上に置く」という規則を定めることで，矢印も省略し，線分で描くことができる．そうやってできた図を半順序集合 $(A, \preceq)$ の**ハッセ図**という．例えば，図 4.5 右は例題 4.8 の半順序集合 $(A, \preceq)$ のハッセ図である．

正確には，半順序集合 $(A, \preceq)$ の**ハッセ図**は次の規則で描かれた図のことである．

- 集合 A の各要素を点として表す．
- $x \neq y$ かつ $x \preceq y$ である 2 つの要素 $x, y \in A$ に対し，$x \preceq z$, $z \preceq y$, $z \neq x, y$ をみたす z が存在しないとき，x と y に対応する点を線で結ぶ．ただし，y の点を x の点よりも上に配置する．

問題 4.f 集合 $A = \{1, 2, 3\}$ に対し，べき集合 2^A 上の部分集合の関係 $\subseteq$ が半順序関係となることを確認し，そのハッセ図を描け．

問題 4.g 問題 4.e の半順序集合のハッセ図を描け．

4.3.4　半順序集合の最大元，極大元，最小元，極小元

$(A, \preceq)$ を半順序集合とし，$a \in A$ とする．

- $a \in A$ が「任意の $x \in A$ に対し，$x \preceq a$」をみたすならば，a を $(A, \preceq)$ の**最大元**といい，$\max A$ と書く．
- $a \in A$ が「a と比較可能な任意の $x \in A$ に対し，$x \preceq a$」をみたすならば，a を $(A, \preceq)$ の**極大元**という．
- $a \in A$ が「任意の $x \in A$ に対し，$a \preceq x$」をみたすならば，a を $(A, \preceq)$ の**最小元**といい，$\min A$ と書く．
- $a \in A$ が「a と比較可能な任意の $x \in A$ に対し，$a \preceq x$」をみたすならば，a を $(A, \preceq)$ の**極小元**という．

最大元と極大元は似ているが，関数における最大値，極大値と同様の使い分けをしていると理解しておけばよい．関数 $y = f(x)$ において，

$x = a$ を含む十分に小さな区間で，「$x \neq a$ ならば $f(x) < f(a)$ が成り立つ」とき，$f(x)$ は $x = a$ で極大となる

と定義されていた（図 4.6 参照）．これは，$x = a$ が "自分の周囲とのみ比較可能" としたときに，その範囲で最大であるという意味で，集合の極大元と同様の意味を持っている．

図 **4.6**　関数の最大と極大

― 例題 4.9 ―

　例題 4.8 の半順序集合 $(A, \preceq)$ において，最大元，極大元，最小元，極小元を求めよ．

【解答】 最大元は存在しないが，4,5,6 は $(A, \preceq)$ の極大元である．例えば，$4 \prec 6$ という関係が成り立たないので，6 は最大元ではない．一方で，1 は最小元かつ極小元で，それ以外の極小元は存在しない． $\qquad\square$

図 4.5 右のようなハッセ図で見れば，自分から上に向かう線が存在しない要素が極大元であり，自分から下に向かう線が存在しない要素が極小元である．

半順序集合 $(A, \preceq)$ と $X \subseteq A$ に対し，$\preceq$ は X 上でも半順序関係となる．これを $\preceq$ の X への**制限**といい，半順序集合 $(X, \preceq)$ の最大元や極大元等を単に X の最大元，極大元のようにいう．

── 例題 4.10 ──

通常の不等号 $\leq$ に対し，$(\mathbb{R}, \leq)$ は半順序集合である．（全順序集合でもある．）これに対し，以下の 2 つの部分集合の最大元と極大元を求めよ．

$$\{x \in \mathbb{R} : x \leq 1\} \subseteq \mathbb{R} \quad (図 4.7 左参照)$$

$$\{x \in \mathbb{R} : x < 1\} \subseteq \mathbb{R} \quad (図 4.7 右参照)$$

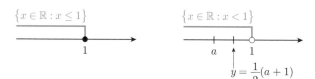

図 4.7 $\{x \in \mathbb{R} : x \leq 1\}$ と $\{x \in \mathbb{R} : x < 1\}$ の最大元

【解答】 $\{x \in \mathbb{R} : x \leq 1\} \subseteq \mathbb{R}$ では，1 が最大元かつ極大元となっていることは明らかだろう．

$\{x \in \mathbb{R} : x < 1\} \subseteq \mathbb{R}$ には最大元も極大元も存在しない．最大元が存在しないことは，任意の $a \in \{x \in \mathbb{R} : x < 1\}$ に対し，ある $y \in \{x \in \mathbb{R} : x < 1\}$ が，$y \neq a$ かつ $a \leq y$ をみたすことを示せばよい．例えば $y = \frac{1}{2}(a+1)$ とすればよい．極大元についても同様である． $\qquad\square$

問題 4.h 例題 4.8 の半順序集合 $(A, \preceq)$ において，$X = \{1, 4, 5\}$ の最大元，極大元，最小元，極小元をそれぞれ求めよ．

4.3.5 半順序集合の上界，上限，下界，下限

次に半順序集合の部分集合の上界や上限を定義するが，かなり紛らわしい用語なので，まず関数の例を見よう．

図 4.8 は関数 $y = f(x) = -x^2 + 2$ のグラフだが，これを見ると任意の $x \in \mathbb{R}$ に対し $f(x) \leq 3$ であり，3 が $f(x)$ の上界であるとわかる．ただし，上界は 1 つではなく，例えば 2 や π など無数に存在する．そのため，上界の中で一番よいものを考えることは自然であり，それを上限という．この関数 $f(x)$ では 2 が上限である．

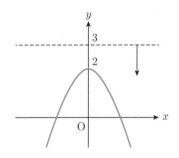

図 **4.8** 関数 $y = -x^2 + 2$ のグラフ

半順序集合の部分集合に対しての上界等は次のように定義される．$(A, \preceq)$ を半順序集合として，$X \subseteq A, a \in A$ とする．

- $a \in A$ が「任意の $x \in X$ に対し，$x \preceq a$」をみたすとき，a を X の上界という．
- $a \in A$ が X の上界全体からなる集合の最小元のとき，a を X の上限といい，$\sup X$ と書く．
- $a \in A$ が「任意の $x \in X$ に対し，$a \preceq x$」をみたすとき，a を X の下界という．
- $a \in A$ が X の下界全体からなる集合の最大元のとき，a を X の下限といい，$\inf A$ と書く．

なお，上の $a \in A$ は $a \notin X$ であってもよいことに注意してほしい．a が X の上界で $a \in X$ であるとき，定義から a が X の最大元である．

— 例題 **4.11** —

　例題 4.8 の半順序集合 $(A, \preceq)$ において，$X = \{1,3\}$ に対しての上界と上限を求めよ．

【解答】 3 と 6 は X の上界であり，それら以外に上界が存在しないことはすぐにわかるだろう．したがって，X の上界全体からなる集合は $\{3,6\}$ であり，その最小値 3 が X の上限である（図 4.9 参照）．

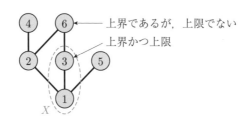

図 4.9　例題 4.11 の図

— 例題 **4.12** —

　例題 4.10 にある $\{x \in \mathbb{R} : x \leq 1\} \subseteq \mathbb{R}$ と $\{x \in \mathbb{R} : x < 1\} \subseteq \mathbb{R}$ のそれぞれの上限を求めよ．

【解答】 どちらも上界全体からなる集合は $\{x \in \mathbb{R} : x \geq 1\}$ である．その集合の最小元が 1 なので，1 が $\{x \in \mathbb{R} : x \leq 1\}$ および $\{x \in \mathbb{R} : x < 1\}$ の上限である．

　例題 4.10 と上の例題より，$\{x \in \mathbb{R} : x < 1\}$ には，最大元が存在しないが，上限は存在することに注意してほしい．

問題 4.i　例題 4.8 の半順序集合 $(A, \preceq)$ において，$X = \{4,6\}$ に対しての上界，上限，下界，下限をそれぞれ求めよ．

4.3.6　半順序集合の性質

　4.3.4 項と 4.3.5 項で半順序集合のいくつかの特徴的な要素を定義したが，ここでそれらの性質を述べよう．

> **定理 4.13** 半順序集合 $(A, \preceq)$ と部分集合 $X \subseteq A$ に対し，次が成り立つ.
> (1) X の最大元 a が存在するならば，a は X の上限である.
> (2) X の最小元 a が存在するならば，a は X の下限である.

例えば，例題 4.11 において，$X = \{1, 3\}$ の上限が 3 であることを示したが，その上限が，定理 4.13(1) が主張しているように，X の最大元 3 と一致している（図 4.9 参照）.

定理 4.13 の 2 つの命題は対称的なので，以下では (1) の証明の考え方のみを述べる. 定理 4.13(1) では，X の最大元 a が X の上限でもあることを示したい. 上限は「上界全体からなる集合の最小元」なので，次の 2 つを考えるべきである.

(i) a は X の上界だろうか. つまり，「任意の $x \in X$ に対し，$x \preceq a$」が成り立つか

(ii) a は X の上界の集合の最小元だろうか. つまり，「X の任意の上界 b に対し，$a \preceq b$」が成り立つか.

(i) は，a が X の最大元であることより，(ii) は，b が X の上界であることと $a \in X$ より，それぞれ成り立つので，各自で確認してほしい.

> **定理 4.14** $(A, \preceq)$ を半順序集合とし，$X \subseteq A$ とする. このとき，a_1 と a_2 が X の最大元ならば，$a_1 = a_2$ である. つまり，最大元は存在すれば一意に決まる. また，最小元も存在すれば一意に決まる.

これも最大元の方のみを示すが，その前に証明の考え方を述べよう. 仮定は a_1 と a_2 が X の最大元であり，示すべきことは $a_1 = a_2$ である. これをどう示すかは難しいが，反対称律を使うことを目指すのがよい. これに気付けば，以下の証明に至ると思う.

[定理 **4.14** の証明] a_1 と a_2 を X の最大元とする. このとき，a_1 が X の最大元なので，「任意の $x \in X$ に対し，$x \preceq a_1$」が成り立つ. 特に $x = a_2$ で考えれば $a_2 \preceq a_1$ である. a_2 が X の最大元なので，同様にして $a_1 \preceq a_2$ も成り立つ. これらと $\preceq$ の反対称律より，$a_1 = a_2$ が示せた. □

●●●●●●●●●●●●●●●●●●●● **演 習 問 題** ●●●●●●●●●●●●●●●●●●●●

演習 4.1 $A = \{a, b, c, d, e, f\}$ とする．A 上の半順序で，次の条件をすべてみたすものを 1 つ探し，そのハッセ図を描け．

- $\{a, b\}$ の下界は存在するが下限は存在しない．
- $\{a, c\}$ の上限が d である．
- $\{b, c, e\}$ の極小元は e のみである．

演習 4.2 集合 $X = \{(x, y) \in \mathbb{Z}^2 : y \neq 0\}$ における次の二項関係 $\sim$ を考える．$(x_1, y_1), (x_2, y_2) \in X$ に対し，

$$(x_1, y_1) \sim (x_2, y_2) \Leftrightarrow x_1 y_2 = x_2 y_1$$

(1) 二項関係 $\sim$ が X 上の同値関係となることを示せ．

(2) $(1, 2)$ の同値類 $C_{(1,2)}$ を求めよ．

(3) 商集合 $X/\sim$ の各要素に，次のように値を割り当てる f を考える．

   各同値類 $C \in X/\sim$ において，$(x, y) \in C$ に対し $f(C) = \dfrac{x}{y}$ とする．

   この f が，商集合 $X/\sim$ から $\mathbb{Q}$ への写像になることを示せ．
   ヒント：写像とは，定義域のすべての元に対しその像が 1 つに決まるものである．同値類 C が，2 つの元 $(x, y), (x', y') \in C$ に対し $\frac{x}{y} \neq \frac{x'}{y'}$ となってしまうと，$f(C) = \frac{x}{y}$ とも $f(C) = \frac{x'}{y'}$ とも書け，f の像が 1 つに決まらず写像とはならない．このようなことが起こらないことを示せ．

(4) (3) の写像 $f : X/\sim \to \mathbb{Q}$ が全単射となることを示せ．

演習 4.3 実数値をとる数列 $\{a_n\}$ 全体からなる集合を X とする．$\{a_n\}, \{b_n\} \in X$ において，次のいずれかのとき $\{a_n\} \lhd \{b_n\}$ と定義する．

- 任意の自然数 n において $a_n = b_n$ である．
- ある自然数 m が存在して，$a_m < b_m$ かつ任意の $i > m$ に対し，$a_i = b_i$ である．

この二項関係 $\lhd$ が，X 上の半順序関係であることを示せ．また，全順序関係であるか．

演習 4.4 集合 A に対し，A のべき集合 2^A 上の部分集合 $\subseteq$ による半順序集合 $(2^A, \subseteq)$ を考える．このとき，任意の $X, Y \in 2^A$ に対し，$\{X, Y\}$ の下限は $X \cap Y$ であることを示せ．

第5章
グ ラ フ 理 論

　　グラフとは，有限個の対象とそれらの関係から定まる構造であり，さまざまな離散的構造を表すことができる数学的モデルである．一方，グラフを点と線からなる構造ととらえるならば，より幾何学的な議論も行うことができる．この章では，グラフ理論の初歩と「オイラーの一筆書き定理」，さらに「四色問題」を中心に学習する．

5.1　グラフとは

5.1.1　グラフの定義

　　グラフ $G = (V, E)$ とは，頂点の集合 V，辺の集合 E，そして，各辺 $e \in E$ について，V の 2 つの頂点 v, v' を対応させることによって決まる構造である．このとき，$e = vv'$ と表し，e は v と v' を結ぶ辺，さらに，v と v' は e の端点という．特に，異なる辺 e と e' が同一の端点の対を結ぶとき，e と e' は多重辺といい，辺 $e = vv'$ において $v = v'$ のとき，e をループという．グラフ G がループと多重辺を持たないとき，G は単純グラフであるという．

　　例えば，グラフ $G = (V, E)$ において，

$$V = \{a, b, c, d, e, f\}$$
$$E = \{e_1, e_2, e_3, e_4, e_5, e_6, e_7, e_8, e_9\}$$

であるとする．ただし，

$$e_1 = aa, \quad e_2 = ab, \quad e_3 = bc, \quad e_4 = ac, \quad e_5 = bd,$$
$$e_6 = cd, \quad e_7 = cd, \quad e_8 = de, \quad e_9 = df$$

とおく．e_1 は a を両端点とするループであり，e_6 と e_7 が頂点 c と d を結ぶ多重辺である．グラフ $G = (V, E)$ は，その頂点を小さな点で，$xy \in E$ を 2 点 $x, y \in V$ を結ぶ線で表すことにより，いくつかの点とそれを線で結んで得られ

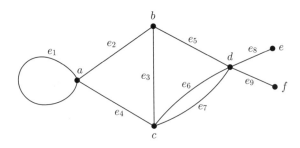

図 **5.1**　グラフ G

る図形で表現できる（図 5.1 参照）.

グラフ $G = (V, E)$ に対し，V を G の**頂点集合**，E を G の**辺集合**という.
さらに，$|V|$ を G の**頂点数**または**位数**といい，$|E|$ を G の**辺数**または**サイズ**と
いう.

グラフ G が与えられたとき，その頂点集合と辺集合を $V(G)$ と $E(G)$ で表
すことも多い. 辺 $e \in E(G)$ について，$e = xy$ のとき

- x と y は**隣接している**
- e は x, y のそれぞれに**接続している**

といい，異なる辺 $e, e' \in E(G)$ について，e と e' が端点を共有するとき

- e と e' は**隣接している**

という. 頂点どうし，辺どうしなどのような対等な関係には「隣接」，頂点と
辺という対等でない関係には「接続」という用語を用いる.

5.1.2　頂 点 の 次 数

グラフ G において，頂点 v に隣接する頂点を v の**近傍**といい，v の近傍全
体からなる集合を $N_G(v)$ と表す. 頂点 v に接続する辺の本数を v の**次数**とい
い，$\deg(v)$，または $\deg_G(v)$ で表す.（ループ e が v に接続するとき，e は v
の次数として 2 本分として数える.）次数が偶数の頂点を**偶点**といい，奇次数
の頂点を**奇点**という. 特に，次数 0 の頂点を**孤立点**という. グラフ G の次数
の最大値と最小値をそれぞれ**最大次数**と**最小次数**という.

次の命題 5.1 と系 5.2 はたいへん易しく，基本的であるが，いろいろな場面で強力な道具となる.

命題 5.1 （握手補題） 任意のグラフにおいて，次数の総和は辺数の 2 倍に等しい.

[証明] グラフにおいて，各頂点の次数をすべて加える．すると，各辺はちょうど 2 回ずつ数えられたことになる．したがって，命題が成り立つ． □

系 5.2 （奇点定理） 任意のグラフにおいて，奇点は偶数個存在する.

[証明] 握手補題より，次数の合計は偶数である．奇次数の頂点が奇数個であれば，次数の合計が奇数になってしまう．これは矛盾である． □

グラフの次数に対し，次の事実が成り立つ.

命題 5.3 任意の単純グラフにおいて，次数の等しい 2 点が存在する.

この命題は次のように言い換えられる：「教室にいるすべての学生に，この中に何人の友達がいるかを尋ねた．すると，必ず，友人の数が等しい学生が 2 人以上はいる.」ただし，自分自身は自分の友人でなく，友人関係は対称的であるとする．（すなわち，A が B の友人であれば，B も A の友人であることを仮定する.）

[命題 **5.3** の証明] G の頂点集合を $\{v_1, \ldots, v_n\}$ とし，すべての頂点の次数が異なると仮定する．自分自身を結ぶ辺は存在しないので，$v_1, \ldots, v_n$ は，

$$0 \leq \deg(v_1) < \deg(v_2) < \cdots < \deg(v_n) \leq n-1$$

をみたすとしても一般性を失わない．このとき，

$$\big(\deg(v_1), \deg(v_2), \ldots, \deg(v_{n-1}), \deg(v_n)\big) = (0, 1, 2, \ldots, n-1)$$

となる．一方，$\deg(v_1) = 0$ と $\deg(v_n) = n-1$ は両立しないので，これは矛盾である．したがって，次数の等しい頂点が存在する． □

命題 5.3 により，グラフのすべての頂点の次数が異なることはない．しかし，次の問題では，1つの頂点以外はすべての次数が異なることがあり，ある条件を付加すれば，そのグラフが一意的に定まることを意味している．

—— 例題 5.4 ——

私とその伴侶を含む 3 組の夫婦からなる 6 人の間で握手を交わした．私以外の握手の回数はすべて異なり，各夫婦では握手をしなかったとする．また，誰も自分自身とは握手をしないし，同じ人と 2 回以上の握手もしないとする．このとき，自分と自分の伴侶の握手の回数は何回であるか．

【解答】　この問題をグラフを用いて述べると次のようになる．

6 頂点の単純グラフ G の頂点集合を $V(G) = \{a, a', b, b', c, c'\}$ とする．また，$aa', bb', cc' \notin E(G)$ であり，頂点 a 以外のすべての次数は異なる．このとき，頂点 a と a' の次数をそれぞれ求めよ．

どの頂点に対しても，それに隣接してない頂点が存在するので，グラフ G の最大次数は 4 以下である．また，a 以外の 5 つの頂点の次数はすべて異なるので，それらは $0, 1, 2, 3, 4$ と確定する．次数 4 の頂点は次数 0 の頂点以外にはすべて隣接しているので，次数 0 と次数 4 の点が b, b' であるとしてよい（図 5.2 左参照）．

図 5.2 左において，次数 3 と次数 2 の頂点を作るために辺を追加しなければならないが，次数 $0, 1, 4$ の頂点はすでに次数が飽和しているため，辺の追加の

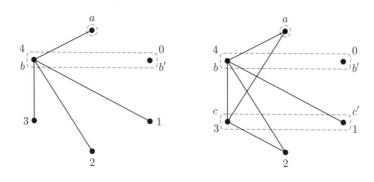

図 **5.2**　6 頂点グラフの決定

方法は一意的である（図 5.2 右参照）．次数 3 の頂点は a に隣接しており，a' ではなく，それに非隣接なのは次数 1 の頂点であるため，c, c' が定まる．したがって，a と a' の次数はともに 2 となる．

以上の考察により，自分と自分の伴侶の握手の回数はともに 2 回である．$\square$

問題 5.a 5 組の夫婦で握手を交わして例題 5.4 の状況になったとき，自分と自分の伴侶の握手の回数はどのようになるか．

グラフ G のすべての頂点の次数が k のとき，G は**正則**，または **k-正則**であるという．すべての頂点対が辺で結ばれたグラフを**完全グラフ**といい，n 頂点の完全グラフを K_n と表す（図 5.3 左参照）．完全グラフ K_n は $(n-1)$-正則である．

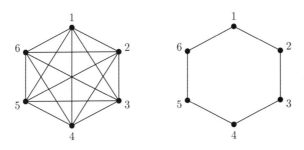

図 5.3 完全グラフ K_6 とその部分グラフの長さ 6 の閉路

問題 5.b 完全グラフ K_n の辺数を求めよ．

5.1.3 グラフの中の経路

グラフの中のある頂点 v から出発して，辺と頂点を順にたどりながら頂点 u に到着する経路を，v を始点，u を終点とする**歩道**，または v と u を結ぶ**歩道**という．歩道において，たどった辺の本数をその歩道の**長さ**という．始点と終点が一致する歩道を**閉歩道**という．すべての頂点が異なる歩道を**道**，または**パス**といい，終点以外のすべての頂点が異なり，たどる辺もすべて異なる閉歩道を**閉路**，または**サイクル**という（図 5.3 右参照）．これらの関係を表したものが表 5.1 である．閉路の長さの偶奇性によって，**偶閉路**や**奇閉路**という．長さ 3 の閉路を，特に**三角形**という．

表 5.1 グラフの経路

	頂点と辺の重複を許す	終点以外のすべての頂点が異なる
始点と終点の制限なし	歩道	道（パス）
始点と終点が一致	閉歩道	閉路（サイクル）

グラフ $G = (V, E)$ において，$V' \subseteq V$ かつ $E' \subseteq E$ となるグラフ $H = (V', E')$ を G の**部分グラフ**という．特に，$V' = V$ のとき，H を**全域部分グラフ**という．（図 5.3 は，K_6 が長さ 6 の閉路を全域部分グラフとして含むことを示している．）頂点 $v \in V$ と辺 $e \in E$ に対し，G から v と v に接続するすべての辺を取り除いて得られるグラフを $G - v$ と表し，G から e を取り除いて得られるグラフを $G - e$ と表す．

問題 5.c 完全グラフ K_n が持つ三角形の総数を求めよ．また，整数 k $(3 \leq k \leq n)$ に対し，長さ k の閉路の総数をそれぞれ求めよ．

> **命題 5.5** 最小次数 2 以上のグラフは閉路を含む．

[証明] G を最小次数 2 以上のグラフとし，v_0 を任意の頂点とする．ここで，v_0 のある近傍を v_1 とおき，辺 $v_0 v_1$ を e_0 とする．$i = 1, 2, \ldots$ について，v_i が $v_0, \ldots, v_{i-1}$ に現れていないならば，v_i に接続する辺で e_{i-1} でないものを e_i とし，$e_i = v_i v_{i+1}$ とおく．（このとき，v_i の次数は 2 以上であるため，$e_{i-1} \neq e_i$ とできる．）一方で，v_i が $v_0, \ldots, v_{i-1}$ に現れているならば，そこで操作を止める．G の頂点数は有限であるため，この操作はある i で止まり，そのとき，ある $j < i$ に対し $v_i = v_j$ が成り立つ．このとき，$v_j, v_{j+1}, \ldots, v_i$ をたどる閉路が得られる． $\square$

グラフが**連結**であるとは，任意の 2 頂点の組に対し，それらを結ぶパスが存在することである．グラフ G の連結な部分グラフで極大なものを**連結成分**という．G の連結成分の数を**連結成分数**という．

グラフ G の 2 つの頂点 u, v に対し，u と v を結ぶ道の長さの最小値を u, v の**距離**といい，$d(u, v)$ と表す．G において，u と v が異なる連結成分に属すとき，$d(u, v) = \infty$ と定義する．

閉路を含まない連結グラフを**木**という．道は木であるし，命題 5.5 により，2 頂点以上の任意の木は次数 1 の頂点を持つことがわかる．

> **命題 5.6** 頂点数 $n \geq 1$ の木の辺数は $n-1$ である．

[証明] T を n 頂点の木とし，n に関する帰納法を用いる．$n=1$ のとき，T は 1 頂点のみのグラフであり，辺数は 0 となり，命題は成立する．$n \geq 2$ のとき，命題 5.5 により，T は次数 1 の頂点 v を持つ．このとき，グラフ $T'=T-v$ は連結，かつ，閉路を持たないことに注意せよ．ゆえに，T' は $(n-1)$ 頂点の木となるため，帰納法の仮定より，辺数は $(n-1)-1=n-2$ となる．したがって，T の辺数は $n-1$ となる． □

5.1.4 二部グラフ

グラフ G において，部分集合 $S \subseteq V(G)$ を考える．S の任意の 2 頂点が G において非隣接であるとき，S を**独立集合**という．

グラフ G の頂点集合 $V(G)$ が 2 つの独立集合 X,Y に分割できるとき（すなわち，$X \cup Y = V(G)$ かつ $X \cap Y = \emptyset$），G を**二部グラフ**という．図 5.4 の 2 つのグラフは同じ二部グラフを表している．このとき，X と Y を G の**部集合**という．グラフ G が二部グラフであるとき，どの隣接する 2 頂点も異なる色を持つように，頂点全体を 2 色（白と黒）で色分けできる．

与えられたグラフが二部グラフであるための必要十分条件について述べる．

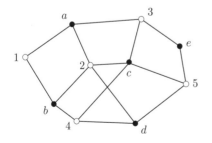
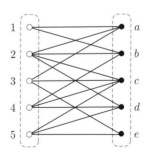

図 5.4 二部グラフ

> **命題 5.7**　グラフ G が二部グラフであるための必要十分条件は，G が奇閉路を含まないことである．

[証明]　G が二部グラフであるとき，G の任意の閉路は 2 つの部集合を交互に通過するので，その長さは偶数になる．したがって，G は奇閉路を含まない．

　逆の証明では，G は連結であるとしてよい．グラフ G は奇閉路を含まないと仮定し，G の任意の頂点 v_0 を固定し，次のように $X, Y \subseteq V(G)$ を定める：

$$X = \{u \in V(G) : 距離 \, d(v_0, u) \, が偶数\}$$

$$Y = \{u \in V(G) : 距離 \, d(v_0, u) \, が奇数\}$$

G は連結であるため $X \cup Y = V(G)$ であり，明らかに $X \cap Y = \varnothing$ である．

　もし，$x, x' \in X$ に対し，$xx' \in E(G)$ であるとすると，定義より，v_0 から x までの長さ偶数の道 P_x と，x' から v_0 までの長さ偶数の道 $P_{x'}$ をとることができる．このとき，P_x，辺 xx'，$P_{x'}$ を組合せることにより，G に長さ奇数の閉歩道 P を見つけることができる．P は閉路でないかもしれないが，P には長さ奇数の閉路が含まれることがわかる．これは G の仮定に矛盾しており，X が独立集合であることが示された．同様に，Y も独立集合であることが示され，G は二部グラフとなる．　　　　　　　　　　□

　部集合が X, Y である二部グラフ G において，任意の $x \in X$ と任意の $y \in Y$ が G で隣接しているとき，G は**完全二部グラフ**であるという．特に，$|X| = m$，$|Y| = n$ のとき，G を $K_{m,n}$ と表す（図 5.5 参照）．

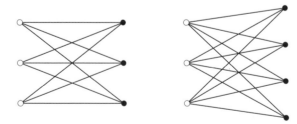

図 **5.5**　完全二部グラフ $K_{3,3}$ と $K_{3,4}$

問題 **5.d**　完全二部グラフ $K_{m,n}$ の辺数を求めよ．

5.2 グラフの一筆書き

　図形の**一筆書き**とは，鉛筆を平面から離すことなく，かつ，同じ線を二度以上通らないように，図形を描くことである．図 5.6 のそれぞれが一筆書き可能であるかどうか考えてみよう．一筆書き可能である場合は，ある 1 つの方法を示せばよいが，一筆書きが不可能な場合は何を示せばよいだろうか．

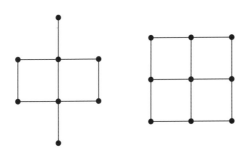

図 **5.6**　一筆書き可能か

　グラフ G が**一筆書き可能**であるとは，G のすべての辺をちょうど 1 回ずつたどる歩道が存在することである．次の定理が，一筆書き可能なグラフの特徴付けを与えている．したがって，図 5.6 の例について，定理 5.8 を適用すれば，一筆書き可能かどうかを決定できる．

> **定理 5.8**　孤立点を持たないグラフ G が一筆書き可能であるための必要十分条件は，G は連結であり，かつ，G の奇点の数が 0 か 2 となることである．

　定理 5.8 はオイラーが 18 世紀に証明したと言われている．オイラーは実際に，この定理を用いて「ケーニヒスベルクの 7 つの橋をちょうど 1 回ずつ通って元の場所に戻る散策路が存在しない」ことを示した．この結果より，長さや角度によらない幾何学（トポロジー）が生まれたと言われている．

　定理 5.8 の証明の前に，始点と終点が一致する一筆書きに限定して，いろいろな事実を見てみよう．つまり，「輪っか」としての一筆書きに焦点をあてて考えることにする．

グラフ G の**オイラー回路**とは，G の各辺をちょうど 1 回ずつ通る閉歩道である．つまり，グラフ G のオイラー回路は，始点と終点が一致するような G の一筆書きを与えるものである．

例題 5.9

図 5.7 に示したような「いくつかの円を組合せて得られる連結な任意の図形」は始点と終点が一致する一筆書きを持つことを示せ．

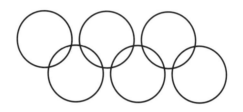

図 5.7 円を組合せて得られる連結な図形

【**解答**】 円の数に関する帰納法を用いる．1 つの円からなる図形には，明らかに始点と終点が一致する一筆書きが存在する．

図形 L が 2 つ以上の円からなるとき（図 5.8(1) 参照），勝手な円 C を消去

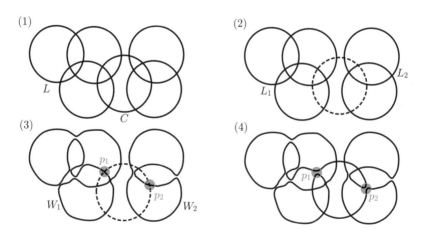

図 5.8 図形 L での始点と終点が一致する一筆書きの構成

する．得られた図形の連結成分を $L_1, \ldots, L_m$ $(m \geq 1)$ とおくと，各 L_i はいくつかの円の組合せである（図 5.8(2) 参照）．帰納法の仮定により，各 L_i は始点と終点が一致する一筆書き W_i を持つ（図 5.8(3) 参照）．また，L は連結であるため，L において各 W_i は C と交点 p_i を持つ．

最後に，C と各 W_i を組合せて，所望の一筆書きを作ろう．まず，C 上の勝手な点からスタートし，ある p_i に到着したら，W_i の辺に沿って進み，L_i のすべての辺を取り込む．そして，p_i に戻ったら，再び C の辺に沿って進む．これを繰り返すことにより，L 上で始点と終点が一致する一筆書きを得る（図 5.8(4) 参照）． $\square$

次の定理はグラフがオイラー回路を持つための必要十分条件を与えている．その証明においては，例題 5.9 で行った議論が本質的な役割を果たす．

> **定理 5.10** 孤立点のないグラフ G がオイラー回路を持つための必要十分条件は，G は連結であり，かつ，G の各頂点の次数が偶数であることである．

定理 5.10 の証明に入る．しかし，この定理において，まず必要性と十分性のどちらが明らかを考えてほしい．

[定理 5.10 の証明] 必要性は明らかである．グラフ G がオイラー回路を持てば，まず，G は連結である．また，G のすべての辺にオイラー回路に沿って矢印を付けると，任意の頂点 v において，v を出発する矢印と v に到達する矢印の数は同じになる．したがって，v の次数は偶数となる．

十分性を証明する．G の辺数に関する帰納法を用いる．G が辺を持たなければ，G は孤立点を持たないので，G は頂点も辺も持たないグラフとなり，G は自明なオイラー回路を持つ．そうでないとき，G の勝手な頂点を v_0 として，この頂点を出発し，同一の辺は二度以上たどらないような歩道 W を延ばせるだけ延ばす．このとき，W は v_0 で終わることがわかる．（なぜなら，それ以外の頂点 v の次数は偶数なので，W が v に進入したら，v から退出する辺が常に残っているためである．）もし，W が G のすべての辺を通るならば，W が G のオイラー回路である．

　そうでないとき，G から W の辺をすべて除去したグラフを G' とおき，G' の孤立点でない連結成分を $H_1, \ldots, H_k$ とおく（図 5.9 参照）．すると，各 H_i は連結である．また，各頂点に接続する辺において，W が使ったものは偶数本であるため，各 H_i のすべての頂点の次数は偶数である．したがって，帰納法の仮定により，H_i はオイラー回路 W_i を持つ．今，G において $W_1, \ldots, W_k$ は交わりがなく，G の任意の辺は W か，またはある W_i に含まれていることに注意せよ．

　G は連結なので，W と各 W_i に共通に含まれる頂点 v_i を持つ．W 上に $v_1, \ldots, v_k$ はこの順で現れるとしてよい．このとき，v_0 を出発し，W に沿って進む．そして，v_1 に到着したら，W_1 に沿って進む．W_1 のすべての辺を通って再び v_1 に到着したら，また W に沿って進むことにする．W 上で v_2 に到着したら，また同様の操作を W_2 に関して行う．これを繰り返し，各 v_i で W_i に乗り換えることにより，$W, W_1, \ldots, W_k$ から G のオイラー回路を得る（図 5.10 参照）．

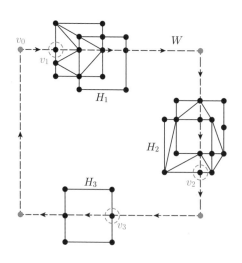

図 **5.9**　G における閉歩道 W

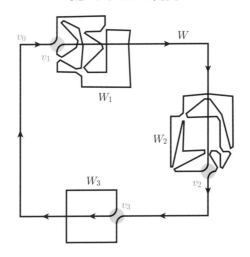

図 5.10 $W, W_1, \ldots, W_k$ から得られる G のオイラー回路 □

定理 5.10 の証明では，各頂点の次数が偶数の連結グラフ G において，1 つの閉歩道 W（輪っか）を見つけ，それを取り除いて，残るグラフに帰納法を適用している．つまり，帰納法で行っているアルゴリズムにおいては，G の辺全体をいくつかの輪っかに分け，それを組合せて G のオイラー回路を構成している．これらの議論は例題 5.9 の解答で行ったことと同じである．

定理 5.10 を用いて，定理 5.8 を証明しよう．

[定理 5.8 の証明] グラフ G が一筆書き可能であるとし，G の一筆書きの始点を終点をそれぞれ s, t とおく．まず，$s = t$ であれば，定理 5.10 により，G の奇点の数は 0 である．一方，$s \neq t$ ならば，G において s と t を結ぶ補助的な辺 st を加える．得られたグラフ G' は始点と終点が一致する一筆書きを持ち，定理 5.10 により，G' の各頂点の次数は偶数となる．したがって，$G = G' - st$ はちょうど 2 つの奇点 s, t を持ち，G の奇点の個数は 2 である．

一方，グラフ G が連結であり，奇点を持たなければ，定理 5.10 により，G はオイラー回路を持ち，始点と終点が一致するように一筆書きが可能である．もし，G がちょうど 2 つの奇点 u, v を持つならば，G に辺 uv を加えて得られるグラフ G' のすべての次数は偶数になり，定理 5.10 により，G' はオイラー回路 W' を持つ．W' から uv を除いた経路 W が u, v を結ぶ G の一筆書きである． □

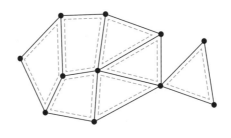

5.3 平面グラフ

5.3.1 平面グラフの定義

グラフ G が平面に**埋め込まれている**とき，すなわち，G が辺の交差なく平面に描かれているとき，G を**平面グラフ**という．平面グラフ G の**面**とは，平面を G のすべての辺に沿って切断したときの各連結領域であり，外側の非有界領域を**外領域**，または**無限面**といい，それ以外の面を**有限面**という．連結平面グラフ G の各面の境界は，G の閉歩道となっており，それをその面の**境界閉歩道**という．また，境界閉歩道が閉路であるとき，**境界閉路**という．平面グラフ G の面集合を $F(G)$ で表す．（図 5.11 は，7 つの有限面を持つ平面グラフを示している．点線で示した閉歩道が，それぞれの有限面の境界閉歩道であり，すべて境界閉路となっている．）境界閉路が三角形である面を**三角形面**という．

図 **5.11**　平面グラフ

平面グラフを扱う際，次の定理がしばしば有用となる．その主張は直観的には明らかであるが，証明は難しいことが知られている．平面上の自己交差のない閉じた曲線を**単純閉曲線**という．

> **定理 5.11**　（ジョルダンの閉曲線定理）　平面上の任意の単純閉曲線は平面を内部と外部に分ける．

単純平面グラフ G において，任意の非隣接 2 頂点をどのように結んでも，得られるグラフが単純平面グラフでなくなるとき，G を**極大平面グラフ**という．

> **命題 5.12** 平面グラフ G が極大平面グラフであるための必要十分条件は，G の各面が三角形面となることである．

[**証明**] 平面グラフ G の各面が三角形面であるとき，G が極大平面グラフであることは明らかである．

G を極大平面グラフとする．このとき，G は連結である．（そうでなければ，辺が追加できる．）G が三角形面でない面 f を持つと仮定し，f は長さ $k \geq 4$ の閉歩道 W を境界閉歩道として持つとする．このとき，W が通る頂点 v_i を順に並べて，$W = v_1 v_2 \cdots v_k$ と書く．もし，W に二度以上現れる頂点があれば，例えば $v_1 = v_j$ とおくと，f の内部を通過し，頂点 v_1 のみで交わる単純閉曲線 γ が存在する（図 5.12 左参照）．定理 5.11 により，γ の内部の頂点と外部の頂点は隣接しないため，v_2 と v_{j+1} を辺で結ぶことにより，辺数の大きい単純平面グラフが得られる．一方，f の境界閉歩道が閉路のとき，f の内部を横切るように v_1 と v_3 を結ぶ辺 e を加えよう．G は極大平面グラフなので，G はすでに $v_1 v_3$ を結ぶ辺を f の外部に持っているとしてよい．このとき，f の内部を通過し，辺 $v_1 v_3$ に沿う単純閉曲線 γ をとることができる（図 5.12 右参照）．γ は v_2 と v_4 を内部と外部に分けており，v_2 と v_4 は G で隣接しない．したがって，G に辺の交差なく，v_2 と v_4 を結ぶ辺が加えられる．いずれの場合も，f の内部を横切る辺を加えることで辺数の大きな単純平面グラフが得られ，G が極大平面グラフであることに反する．

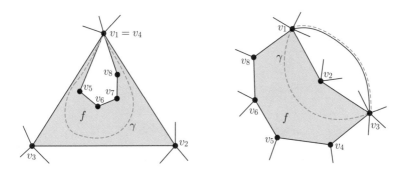

図 **5.12** 面 f の内部を横切る辺を加える □

連結な平面グラフ G の**双対グラフ** G^* を次のように定義する. まず, G の各面 $f \in F(G)$ の中心に頂点 v_f を置く. そして, f と f' が辺 e を共有するとき, v_f と $v_{f'}$ を e を横切る辺 e^* により結ぶ. このようにして得られるグラフが G^* である. 双対グラフ G^* は, $V(G^*) = F(G)$ となるグラフであり, G が単純でも, G^* は必ずしも単純でないことに注意しよう. 特に, $|E(G)| = |E(G^*)|$ である (図 5.13 参照). また, 定義より, $(G^*)^* = G$ である.

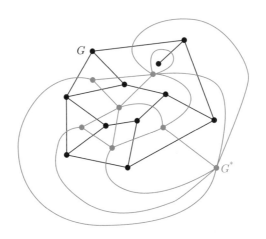

図 5.13 平面グラフ G とその双対グラフ G^*

── 例題 5.13 ──

外領域の境界閉歩道の長さが奇数であり, すべての有限面の境界閉歩道の長さが偶数である平面グラフは存在しないことを示せ.

【解答】 そのような平面グラフ G が存在すると仮定する. G が連結でない場合は, 外領域の境界閉歩道の長さが奇数である連結成分を考えればよいので, G は連結と仮定してよい. G の双対グラフ G^* を考えると, G の外領域 F の境界閉歩道の長さは奇数であるため, F に対応する G^* の頂点 v_F の次数は奇数である. 一方, G の任意の有限面 f の境界閉歩道の長さは偶数であるため, f に対応する G^* の頂点 v_f の次数は偶数である. したがって, G^* は奇点定理をみたさず矛盾がおこる. ゆえに, 上記のような G は存在しない. □

例題 5.13 と命題 5.7 を組合せると，次の定理が証明できる．

> **定理 5.14** 各面の境界閉歩道の長さが偶数である平面グラフは二部グラフである．

[証明] そのような平面グラフ G が二部グラフでないと仮定する．G は連結であるとしてよい．命題 5.7 により，G は奇閉路 C を持つ．しかしながら，例題 5.13 により，C の内部に境界閉歩道の長さが奇数の面が存在するが，これは矛盾であり，G は二部グラフとなる． □

例題 5.15

極大平面グラフの外領域の 3 頂点それぞれに番号 1, 2, 3 を与える（図 5.14 参照）．その他の頂点にどのように 1, 2, 3 を与えても，境界に 1, 2, 3 がすべて現われる有限面が生じることを示せ．

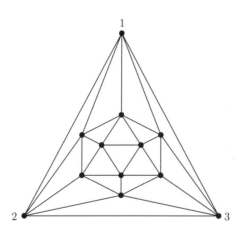

図 5.14 外領域の頂点に番号 1, 2, 3 が与えられた極大平面グラフ

【解答】 極大平面グラフ G の外領域の 3 頂点それぞれに 1, 2, 3 を与え，内側の頂点には 1, 2, 3 を勝手に与える．このとき，次のようにして，G^* の全域部分グラフ H を定義する：辺を共有する G の面 f, f' に対し，その辺の端点が異なる番号 i, j を持っているときに，v_f と $v_{f'}$ を辺で結ぶ．各面 f の境界では，

番号 1, 2, 3 のすべてが現れる場合，2 つのみが現れる場合，すべての番号が同一である場合のいずれかが起こっており，対応する頂点 v_f の H での次数はそれぞれ 3, 2, 0 となる．（$i, j, k \in \{1, 2, 3\}$ は相異なる数である．図 5.15 参照．）

図 5.15　v_f の次数

外領域 F には 3 つの異なる番号が現れているので，$\deg_H(v_F) = 3$ である．ここで，境界に番号 1, 2, 3 のすべてが現れる有限面が存在しないならば，すべての有限面 f に対応する頂点 v_f に対し，$\deg_H(v_f) = 0, 2$ である．このとき，H において v_F のみが奇次数を持つことになり，H が奇点定理をみたさない．これは矛盾であり，境界に 1, 2, 3 のすべてが現れる有限面が存在する．　　□

　例題 5.15 は，位相幾何学で有名な**ブラウワーの不動点定理**を証明するための重要なステップを与えるものである．不動点定理は連続的な対象を扱っているにも関わらず，その証明に離散的な考察が役に立っていることが興味深い．（不動点定理に関する記述は他書に委ねる．）

5.3.2　オイラーの公式

　平面グラフにおいて，頂点数，辺数，面数は次の関係をみたす．この事実はたいへん重要であり，平面グラフの構造に大きな制約を与える．

> **定理 5.16**　（**オイラーの公式**）　連結な平面グラフ G について，次の式が成り立つ：
>
> $$|V(G)| - |E(G)| + |F(G)| = 2$$

注意　連結な平面グラフ G の有限面全体からなる集合を $F'(G)$ とおくとき，

$$|V(G)| - |E(G)| + |F'(G)| = 1$$

が成り立ち，この形で定理が述べられることがある．オイラーの公式を適用する際，考慮する面数が無限面を含むかどうかについて，注意が必要である．

[定理 5.16 の証明]　頂点数 n の連結平面グラフ G の辺数に関する帰納法を用いる．G が木のとき，命題 5.6 により，その辺数は $n-1$ であり，木が平面に埋め込まれているときの面数は 1 であるため，$n-(n-1)+1=2$ であり，定理の主張は成り立つ．

G が木でないとき，G は閉路 C を含む．C に含まれる辺 e に対し，$G'=G-e$ は連結な平面グラフである．帰納法の仮定により，

$$n - |E(G')| + |F(G')| = 2$$

が成り立つ．ここで G' に辺 e を加えて G を復元する．このとき，e の辺に沿った両側が G の同一の面に属すれば，G' において e の両端点は異なる連結成分に含まれることになり，G' が連結であることに反する．したがって，G において e の辺に沿った両側が異なる面に属すことになり，$|F(G)| = |F(G')|+1$ である．ゆえに，

$$n - |E(G)| + |F(G)| = n - (|E(G')|+1) + (|F(G')|+1) = 2$$

が成り立ち，定理の証明が完結する．　　　　　　　　　　　　　　□

グラフ G が平面に辺の交差なく描けるとき，G を**平面的グラフ**という．したがって，平面グラフは平面的グラフの平面への描画（埋め込み）ということができる．また，定理 5.16（オイラーの公式）を平面的グラフ G について適用してみると，以下のことがわかる．G の頂点数と辺数はグラフ固有のものであるが，平面描画における面は G の描画方法に依存するものである．しかしながら，オイラーの公式は，G のどのような平面への埋め込みに対しても，面の数は不変であることを主張している．

命題 5.17　3 頂点以上の任意の単純平面的グラフ G に対し，

$$|E(G)| \le 3|V(G)| - 6$$

が成り立つ．また，等号は G が極大平面的グラフのときに成り立つ．

[証明] G は連結であるとしてよい. G は平面グラフとして，平面に描かれているとする. $|V(G)| \geq 3$ より，G の任意の面の境界閉歩道の長さは 3 以上である. したがって，G の各辺は境界閉歩道たちにちょうど 2 回含まれるため，

$$3|F(G)| \leq 2|E(G)|$$

であり，命題 5.12 により，等号は G が極大平面グラフであるときに成り立つ. これをオイラーの公式に代入し，$|F(G)|$ を消去すれば，求める不等式を得る.   □

命題 5.18 任意の単純平面的グラフは次数 5 以下の点を持つ.

[証明] G を単純平面的グラフとする. $|V(G)| \leq 2$ のときは自明であるから，命題 5.17 と握手補題により，

$$\sum_{v \in V(G)} \deg_G(v) = 2|E(G)| \leq 6|V(G)| - 12$$

である. G の頂点の**平均次数** $\overline{d}$ は，

$$\overline{d} = \frac{\sum_{v \in V(G)} \deg_G(v)}{|V(G)|} = \frac{2|E(G)|}{|V(G)|} \leq 6 - \frac{12}{|V(G)|} < 6$$

であり，次数 5 以下の頂点が存在する.   □

問題 5.e 3 頂点以上で三角形を含まない単純平面的グラフ G は，

$$|E(G)| \leq 2|V(G)| - 4$$

をみたし，次数 3 以下の頂点を持つことを証明せよ.

問題 5.f K_5 と $K_{3,3}$ はどちらも平面的ではないことを示せ.

5.3.3 正 多 面 体

正多面体とは，各面が正多角形であり，各頂点に同数の面が集まっている凸多面体である. 図 5.16 では，5 種類の正多面体を示している.

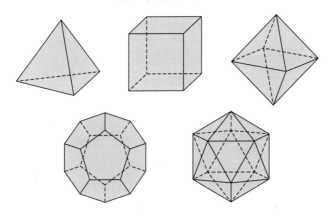

図 **5.16**　正多面体

凸多面体 P において，P の頂点と辺をそれぞれグラフの頂点と辺とみなす
と，P は球面上のグラフと見ることができる．また，次のような操作により，
そのような球面上のグラフ G は，G のある 1 つの面 f の境界を外領域の境界
とするような平面グラフ G' として表現できる（図 5.17 参照）．

(1)　G の 1 つの面 f を固定し，その境界閉歩道を C とおく．

(2)　f の内部を取り除くことにより，C を境界とする穴あき球面 D に描
　　かれたグラフを得る．

(3)　D は C を境界とする円板とみなすことができるので，D を平面に押
　　しつぶすことにより，f が外領域となり，G の f 以外の各面が有限面
　　となる平面グラフ G' が得られる．

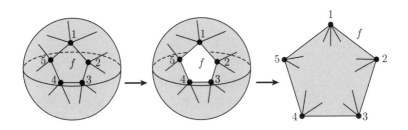

図 **5.17**　球面上のグラフから平面グラフへ

正多面体 P について，上記の手順で得られる平面グラフを**正多面体グラフ**という．（例えば，P が正四面体のとき，対応する正多面体グラフを**正四面体グラフ**などという．）正多面体グラフ G について，G は正則であり，かつ，G^* も正則である．オイラーの公式を用いて，次の定理を示す．

定理 5.19　　正多面体は図 5.16 にある 5 種類しか存在しない．

[証明]　正多面体グラフ G は各面が p 角形の q-正則平面グラフであるとする．正多面体から作ったグラフに 2 角形や次数 2 の頂点はないので，$p, q \geq 3$ である．

G に対し，オイラーの公式が成り立つ：

$$|V(G)| - |E(G)| + |F(G)| = 2$$

握手補題より，$q|V(G)| = 2|E(G)|$ が成り立ち，さらに，G^* に握手補題を適用することにより，$2|E(G)| = p|F(G)|$ を得る．これらをオイラーの公式に代入して整理すると，

$$\frac{1}{p} + \frac{1}{q} - \frac{1}{2} = \frac{1}{|E(G)|}$$

が得られる．この等式において p と q は対称なので，$p \geq q$ と仮定して計算を行う．$q \geq 4$ ならば上の等式の左辺が正でなくなるので，$q = 3$ である．したがって，

$$\frac{1}{p} - \frac{1}{6} = \frac{1}{|E(G)|}$$

となり，これをみたす p は $p = 3, 4, 5$ である．このとき，それぞれ $|E(G)| = 6, 12, 30$ である．また，$p < q$ の場合も考慮に入れると，表 5.2 が得られる．

さらに，表の 5 つの場合に対応する正多面体グラフがただ 1 つ定まり（図 5.18 参照），さらに，それらが 5 種類の正多面体（図 5.16 参照）に対応している．これにより，正多面体は 5 種類しか存在しないことが証明された．　　□

表 5.2 正多面体

p	q	$\lvert E(G) \rvert$	多面体
3	3	6	正四面体
4	3	12	正六面体
3	4	12	正八面体
5	3	30	正十二面体
3	5	30	正二十面体

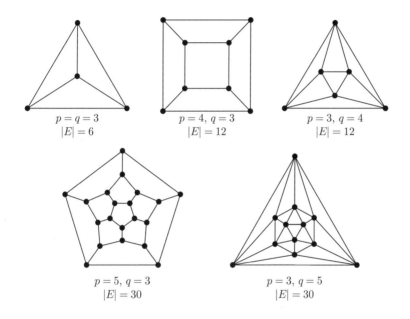

$p = q = 3$
$\lvert E \rvert = 6$

$p = 4, q = 3$
$\lvert E \rvert = 12$

$p = 3, q = 4$
$\lvert E \rvert = 12$

$p = 5, q = 3$
$\lvert E \rvert = 30$

$p = 3, q = 5$
$\lvert E \rvert = 30$

図 5.18 正多面体グラフ

　正六面体グラフと正八面体グラフは双対グラフの関係にあり，正十二面体グラフと正二十面体グラフも同様の関係になっていることがわかる．また，正四面体グラフの双対グラフは自分自身である．これらの対称性は，p, q の対称性として上記の計算過程に現れていた．

5.4 グラフの彩色

5.4.1 グラフの彩色と染色数

自然数 k に対し，グラフ G の **k-彩色**とは，G のどの隣接 2 頂点も異なる色を持つような k 色以下の色による G の頂点の色分けである．すなわち，$G = (V, E)$ の k-彩色とは，写像

$$c : V \to \{1, \ldots, k\}$$

であり，任意の $xy \in E$ について，

$$c(x) \neq c(y)$$

をみたすものである．グラフ G が **k-彩色可能**であるとは，G が k-彩色を持つことである．k-彩色可能ではないグラフを **k-彩色不可能**であるという．G の彩色に必要な色数の最小値を G の**染色数**といい，$\chi(G)$ と書く．すなわち，次が成り立つ．

$$\chi(G) = \min\{k \in \mathbb{N} : G \text{ は } k\text{-彩色可能である}\}$$

グラフ G の彩色を考えるとき，G はループを持たないとする．（そうでなければ，ループが接続する頂点に色を与えられない.）また，G が多重辺を持つとき，それらを一本の辺に置き換えても，G の彩色に影響はない．したがって，この節でのグラフはすべて単純であるとする．

問題 5.g 図 5.19 のグラフの染色数を求めよ．

注意 染色数 $\chi(G) = k$ と答えるとき，G が k-彩色可能であり，かつ，$(k-1)$-彩色不可能であること示す必要がある．

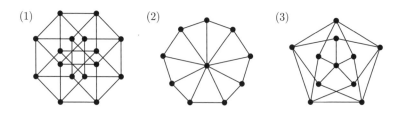

図 5.19 グラフの染色数を求めよう

命題 5.20 任意のグラフ G について, G の最大次数を $\Delta(G)$ と書くと, $\chi(G) \leq \Delta(G) + 1$ が成り立つ. また, G が完全グラフと奇閉路のとき, 等号が成立する.

[証明] 頂点数に関する帰納法を用いる. 以下では, $\Delta(G) \leq k$ をみたす整数 k を固定して,

$$\text{「} \Delta(G) \leq k \text{ならば,} \chi(G) \leq k+1 \text{である」}$$

という命題を, 頂点数に関する帰納法を用いて証明する. 頂点数が1のとき, 最大次数は0であり, 主張は明らかに成り立つ.

グラフ G の任意の点 v を取り除き, $G' = G - v$ とおく. $\Delta(G') \leq \Delta(G) \leq k$ であるので, 帰納法の仮定により, $\chi(G') \leq k+1$ である. また, $\deg_G(v) \leq k$ であることより, G' の $(k+1)$-彩色において, v の近傍には高々 k 色しか現れ ないので, v にそれ以外の色を与えることができる. したがって, $\chi(G) \leq k+1$ である. 最後に $k = \Delta(G)$ を代入すれば所望の式が得られる. □

問題 5.h 任意の木は 2-彩色可能であることを示せ.

ここで, グラフの彩色の応用を考える. 図 5.20 左はある交差点における車 の進行方向を示したものである. この交差点では, 図に示した進行方向以外に 走る車は存在しないとする. この交差点に信号を設置したい. 交わらない進行 方向の信号は同時に青にしてもよいが, 交わっている方向の信号を同時に青に

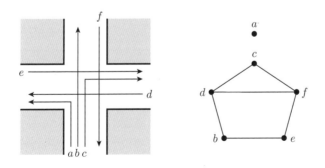

図 5.20 進行方向の関係とそのグラフ

はできない. このとき, 信号の周期をなるべく小さくして, 効率よく車を流したい.

　そこで, 各進行方向を頂点で表し, それらが交わるときに辺で結ぶことにし, グラフ G を構成する (図 5.20 右参照). この構成法を考えると, G のどの隣接 2 頂点も異なる色を持つような G の頂点の色分け, すなわち, G の彩色を行えば, 同じ色の頂点に対応する進行方向の信号を同時に青にすることができることがわかるだろう. したがって, 信号の周期を $\chi(G)$ にする方法が最も効率的であり, それ以下にはできない.

5.4.2　四 色 定 理

　平面グラフの彩色に対し, **四色定理**と呼ばれる有名な定理が知られている. 1852 年, フランシス・ガスリーは,

> 「どんな平面地図も, 隣接する 2 国が異なる色を持つように, 地図全
> 体を 4 色で色分けできるか」

という問題 (**四色問題**という) をケンブリッジ大学の数学科の学生である弟に質問した. その後, 1878 年にケーリーがロンドン数学会にこの問題を提出し, これが世に広まることになった. 1 年後にケンペが間違った証明を与え, 11 年間信じられていた. ところが, その後にヒーウッドが間違いを指摘し, その証明より五色定理 (定理 5.24 にて後述) が正しいことを証明した.

　時は流れ, 1977 年にアッペルとハーケンにより, 四色定理はついに証明された. この定理の証明方針は単純であるが, その証明では 1,834 個の場合分けをすべて調べるため, コンピュータを長い時間動かしている. 現在では同じアイデアによる短い証明も与えられているが, 依然としてコンピュータが使われている.

定理 5.21　（**四色定理**, アッペルとハーケン）　任意の平面地図は, どの隣接 2 国も異なる色を持つように, 地図全体を 4 色で色分けできる.

　これは, 平面グラフ G の互いに辺で接する面を異なる色になるように, 面全体を 4 色で塗り分けられることを主張するものである. しかし, その双対グラフを考えると, 辺で接する 2 つの国は隣接した 2 頂点に対応するので, 上の四色定理は次のグラフの彩色の定理へと翻訳できる (図 5.21 参照).

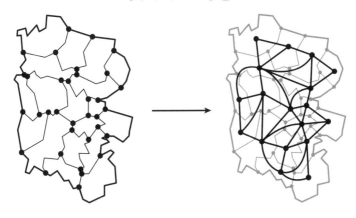

図 5.21 地図から平面グラフへ

定理 5.22 （四色定理） 任意の平面グラフは 4-彩色可能である.

4 色での色分けの証明はたいへん難しいが，6 色での色分けならば，かなり簡単に証明することができる.

命題 5.23 （六色定理） 任意の平面グラフは 6-彩色可能である.

[証明] 平面グラフ G の頂点数 n に関する帰納法を用いる．$n \leq 6$ のとき，G のすべての頂点に異なる色を与えることができ，定理は成り立つ．命題 5.18 により，G は次数 5 以下の頂点 v を持つ．グラフ $G' = G - v$ も平面グラフであるため，帰納法の仮定により，G' は 6-彩色 c' を持つ．G における v の近傍は 5 つ以下なので，c' において，6 色の中のある色は v の近傍には現れていない．したがって，その色を v に与えることにより，G' の彩色 c' から G の 6-彩色を得る． □

命題 5.23 の証明において，少し頑張れば色数を 1 つ減らすことができる．そのために次の「五色定理」では，ジョルダンの閉曲線定理（定理 5.11）により，グラフの平面性を用いた興味深い議論が行われる.

定理 **5.24**　（**五色定理**）　任意の平面グラフは 5-彩色可能である.

[**証明**]　平面グラフ G は，命題 5.18 により，次数 5 以下の頂点 v を持つ. 帰納法の仮定により，$G' = G - v$ は 5-彩色 c' を持つ. v の次数が 4 以下ならば，命題 5.23 の証明と同様にして，G の 5-彩色が構成できる. これが不可能な場合は，$\deg_G(v) = 5$ であり，かつ，c' において v の近傍 v_1, v_2, v_3, v_4, v_5 がすべて異なる色を持つときのみである. このとき，$c'(v_i) = i$ とする ($i = 1, 2, 3, 4, 5$).

　もし，G' の 5-彩色 c' において，v_1 が色 3 で塗られた頂点に隣接していなければ，v_1 を色 3 に塗りかえ，頂点 v に色 1 を与えることができ，G の 5-彩色が得られる. したがって，v_1 は色 3 で塗られた頂点に隣接しているとする. もしも，その色 3 で塗られた頂点に，色 1 の頂点が v_1 以外に隣接しなければ，v_1 に塗られた色 1 と，v_1 に隣接する 3 で塗られた頂点の色を交換することにより，v に色 1 を塗ることができる（図 5.22 参照）. この議論を続けよう. v_1 からスタートし，色 3 の頂点と色 1 の頂点を交互にたどることにより得られる G' の部分グラフを $(1, 3)$-**ケンペ鎖**と呼ぶ. この $(1, 3)$-ケンペ鎖が v_3 に到達しない限り，上記の色 3, 1 の交換ができる.

　したがって，$(1, 3)$-ケンペ鎖が v_3 に到達していると仮定する. ここで，v_2 の色 2 を，v_4 の色を変えずに色 4 に塗りかえられるかどうかを考える. 前の議論と同様に，それができれば v に色 2 を与えることができ，G の 5-彩色が得られる. v_2 と v_4 を結ぶ $(2, 4)$-ケンペ鎖が存在するときのみ塗り替えられない

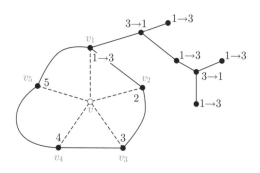

図 **5.22**　G' において v_1 を色 3 で塗り替える

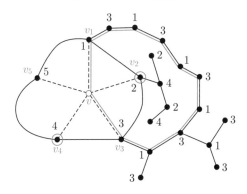

図 **5.23**　G' において v_2 を色 4 で塗り替える

が, v_2 と v_4 は, $(1,3)$-ケンペ鎖と辺 vv_1, vv_3 が含む閉曲線の内側と外側にそれぞれ含まれるので, ジョルダンの閉曲線定理（定理 5.11）により, $(2,4)$-ケンペ鎖は存在しない（図 5.23 参照）. したがって, G' の 5-彩色において, v_2 は色 4 で塗り替えることができ, G の 5-彩色を構成できる.　　　　　□

　上では, 六色定理と五色定理について述べたが, 四色定理の証明では何を克服しなければならないだろうか. 五色定理の証明では, 次数 5 の頂点の近傍の色の塗り替えをうまく行い, 近傍に現れる色数を 4 以下にできることを示した. 同様の方法で四色定理を証明しようとすると, 「次数 4 と 5 の頂点の近傍の色数を 3 以下にする」ことが必要となるが, ケンペはこの議論でミスをおかした.（しかしながら, その議論はたいへん興味深く, 私たちは今でも「ケンペ鎖」という用語を用いて, 彼の功績を讃えている.）

　アッペルとハーケンの証明では, 結果的には膨大な場合分けを行うことになったが, その詳細については他書に委ねることにする.

5.4.3　外平面グラフの彩色と美術館問題

　グラフ G が**外平面的**であるとは, G をすべての頂点が外領域の境界に含まれるように平面に埋め込めることである. このように埋め込まれた平面グラフを**外平面グラフ**という.（図 5.24 は 2 つの外平面グラフの例を示している. 点線は外領域の境界に沿って引かれており, すべての頂点が外領域の境界に含まれていることがわかる.）

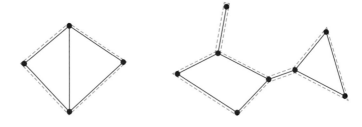

図 **5.24** 外平面グラフ

 頂点数 3 以上の外平面グラフのある有限面が三角形面でないとき，それに対角線を加えて三角形面にできる．（命題 5.12 と同様に示すことができる．）また，無限面の境界が閉路でなくても，外平面性を保存して，辺の追加ができるだろう．無限面の境界が閉路であり，かつ，有限面がすべて三角形面の外平面グラフを**極大外平面グラフ**という．極大外平面グラフ G の無限面の境界閉路を G の**境界**という．

命題 5.25 任意の外平面グラフは 3-彩色可能である．

[証明] G は極大外平面グラフであるとしてよい．なぜならば，G が極大外平面グラフでなければ，辺を追加して極大外平面グラフ G' を作る．そして，G' が 3-彩色可能であることが証明できれば，G も 3-彩色可能であるからである．

 頂点数 $n \geq 3$ の極大外平面グラフ G は 3-彩色可能であることを，n に関する帰納法で証明する．$n = 3$ のとき，G は明らかに 3-彩色可能である．$n \geq 4$ のとき，G は境界に含まれない辺 e を持つ．このとき，$e = xy$ とおくと，G は辺 xy のみを共有する 2 つの極大外平面グラフ G_1, G_2 に分けられる．帰納法の仮定により，$i = 1, 2$ について，G_i は 3-彩色 $c_i : V(G_i) \to \{1, 2, 3\}$ を持ち，$c_1(x) \neq c_1(y)$ かつ $c_2(x) \neq c_2(y)$ である．したがって，c_2 において色の置換を行うことにより，G_1 と G_2 の 3-彩色で，x と y の色が一致したものを得ることができる．これにより，G の 3-彩色を得る． □

 命題 5.25 を用いて，次の問題を考える．

─── **例題 5.26（美術館問題）** ───
　n 角形の美術館において，すべての場所を監視するには，最低何台の監視カメラがあればよいか．ただし，監視カメラの視野は 360 度であり，障害物がない限り，どんなに遠くでも監視できるものとする．

注意　美術館が凸 n 角形であれば，ただ 1 つの監視カメラを中央付近に置けばよい．しかしながら，n 角形が図 5.25 のようになっていると，カメラが 1 台では多くの死角ができてしまう．一方，どんな n 角形の美術館でも，すべての角に監視カメラを置けば館内のどの場所も監視できるため，n 台あれば十分なこともわかる．上の問題では，任意の n 角形美術館が与えられたとき，それを監視するための監視カメラの最小台数を n で評価することが求められている．

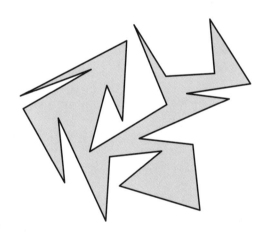

図 **5.25**　24 角形の美術館

【例題 5.26 の解答】　与えられた n 角形の美術館の形を表す多角形を P とおく．平面上の n 角形 P において，各有限面が三角形になるように，適当に直線分で対角線を追加できることがわかる．（この部分は証明を要するので，各自で確認してほしい．）得られた幾何学的対象は，n 角形の内部が三角形に分割されているものであるため，組合せ的には，頂点数 n の極大外平面グラフとみなすことができ，それを G とおく．

命題 5.25 により，G は 3-彩色

$$c : V(G) \rightarrow \{1, 2, 3\}$$

を持つ（図 5.26 参照）．この彩色に応じて P の頂点全体に色 $1, 2, 3$ を与える．
P は三角形に分割され，その各三角形の 3 つの頂点には $1, 2, 3$ の 3 色が与え
られているため，色 1 の与えられた頂点全体は P のすべての場所を監視して
おり，色 2 と色 3 についても P を監視していることがわかる．

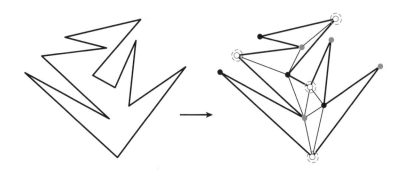

図 5.26　美術館から極大外平面グラフの 3-彩色へ

ここで，色 i が与えられた頂点の集合を V_i とおく（$i = 1, 2, 3$）．今，

$$|V_1| + |V_2| + |V_3| = n$$

であるため，ある $i \in \{1, 2, 3\}$ に対し，

$$|V_i| \leq \left\lfloor \frac{n}{3} \right\rfloor$$

である．（ただし，実数 a に対し，$\lfloor a \rfloor$ は a 以下の最大の整数を表す．）した
がって，高々 $\left\lfloor \frac{n}{3} \right\rfloor$ 個の監視カメラで博物館全体を監視することができる．　□

　図 5.27 の 12 角形において，4 つの黒頂点を置いた場所を考える．1 台の監視カメラでこのうちの 2 つ以上を同時に監視することはできない．（黒点を監視するためには，青色で塗られた部分にカメラを置く必要がある．）したがって，この 12 角形を監視するためには 4 台以上の監視カメラが必要である．この例と同様にして，任意の $n \geq 3$ について $\lfloor \frac{n}{3} \rfloor$ 台の監視カメラが必要な n 角形が構成できるため，例題 5.26 の解答の評価 $\lfloor \frac{n}{3} \rfloor$ は最良である．

　例題 5.26 の解答のポイントは，複雑な形をした n 角形を三角形に分けるだけで，極大外平面グラフの 3-彩色の問題に帰着できることである．三角形に分割することにより，どんな三角形も凸であるため，与えられた美術館の形状の凹凸をすべて無視することができ，組合せ的な議論に落とし込めることは痛快である．

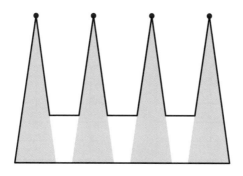

図 **5.27**　4 台の監視カメラを必要とする 12 角形の美術館

演 習 問 題

演習 5.1 n を自然数とし，グラフ G_n の頂点集合 V と辺集合 E を次のように定める．

$$V = \{0,1\}^n = \{(a_1,\ldots,a_n) : a_i \in \{0,1\}, i = 1,\ldots,n\}$$

とおき，$a = (a_1,\ldots,a_n) \in V$ と $b = (b_1,\ldots,b_n) \in V$ に対し，

$$ab \in E \Leftrightarrow |\{i \in \{1,\ldots,n\} : a_i \neq b_i\}| = 1$$

このとき，グラフ G_1, G_2, G_3 を描いてみよ．また，任意の自然数 n に対し，G_n は二部グラフであることを示せ．（グラフ G_n は **n 次元立方体グラフ**，または**立方体グラフ**と呼ばれている．）

演習 5.2 図 5.28 の 2 つのマス目のそれぞれを考える．ある点を始点として，すべての辺を通り，元の点に戻る経路を考える．このとき，二度以上通る辺の本数の最小値を求めよ．（この問題は**中国人郵便配達問題**として知られている．）

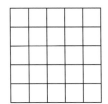
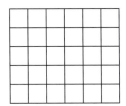

図 **5.28** 5×5 と 5×6 のマス目

演習 5.3 辺数 m のグラフ G に対し，

$$\chi(G) \leq \frac{1 + \sqrt{1 + 8m}}{2}$$

が成り立つことを示せ．

演習 5.4 三角形を含まない平面的グラフについて，四色定理が成り立つこと，すなわち「三角形を含まない任意の平面グラフは 4-彩色可能である」ことを示せ．

演習 5.5 頂点数 $n \geq 3$ の任意の極大外平面グラフは次数 2 の頂点を持つことを示せ．

第6章

一対一対応の考え方

　有限集合 A と B の間に全単射が存在するとき，A と B の要素の数は等しくなる．この事実は第3章ですでに学習済みであり，自明な主張である．しかしながら，それをうまく用いることで，解決の見通しの立ちにくい問題にたちまち明快な解を与えることがある．この章では，そのような問題をいくつか紹介したい．離散的な対象を扱うからこそ，このような考え方ができるものであり，離散数学の醍醐味といえる問題たちである．

6.1　一 対 一 対 応

　高校までの数学においても場合の総数を求める問題で，一対一対応の考え方はしばしば登場する．まず，それを見ていこう．

例題 6.1

　720 の約数の総数を求めよ．（ただし，正の約数のみを考える．）

【解答】　720 を素因数分解すると，

$$720 = 2^4 \cdot 3^2 \cdot 5$$

である．素因数分解は一意的であり，720 のどんな約数 x も，

$$x = 2^p \cdot 3^q \cdot 5^r$$

と表現されるはずである．ただし，

$$p \in \{0,1,2,3,4\},\ q \in \{0,1,2\},\ r \in \{0,1\}$$

約数 x を定めると，(p,q,r) が1つだけ定まり，さらに，(p,q,r) を定めると約数 $x = 2^p \cdot 3^q \cdot 5^r$ が1つだけ定まる．したがって，720 の約数の総数は集合

$$\{(p, q, r) : p \in \{0, 1, 2, 3, 4\}, \ q \in \{0, 1, 2\}, \ r \in \{0, 1\}\}$$

の要素の数と等しい. ゆえに, 後者の総数は,

$$5 \times 3 \times 2 = 30$$

であり, 720 の約数の総数は 30 個である. □

── 例題 6.2 ──

　5 × 7 のマス目において, 左下の点から右上の点まで, 右か上に 1 つずつ進むことにより到達する方法の総数を求めよ (図 6.1 参照).

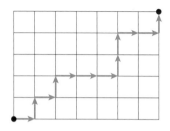

図 6.1　左下の点から右上の点まで進む道

【解答】　左下から右上に至る所望の道全体からなる集合を $\mathcal{W}$ とおくと, 勝手な $W \in \mathcal{W}$ は「↑」をちょうど 5 個,「→」をちょうど 7 個含む合計 12 個の矢印からなる列で一意的に表現される. そのような矢印の列全体からなる集合を $\mathcal{A}$ とおく. 一方, 勝手な $A \in \mathcal{A}$ を 1 つ定めると, A に対応する道 $W \in \mathcal{W}$ がただ 1 つ定まることがわかる. ゆえに, $\mathcal{A}$ と $\mathcal{W}$ の間には一対一対応が存在し, $|\mathcal{A}| = |\mathcal{W}|$ である. ここで, $A \in \mathcal{A}$ を定めるためには, 12 個の矢印のうち 5 つの「↑」の位置を定めればよいことがわかる. したがって,

$$|\mathcal{A}| = \binom{12}{5}$$

である. ゆえに,

$$|\mathcal{W}| = \binom{12}{5} = 792$$

である. □

次は整数の分割に関する問題である.

── 例題 6.3 ──

自然数 n を自然数の和として表す方法の総数を p_n とおく.ただし,和において加える順番は区別するものとする.つまり,3 を表す和として,$1+2$ と $2+1$ は異なる方法とみなし,さらに,3 自身も和とみなすものとする.

例として,p_2 と p_3 を求めてみよう.

$$2 = 2,\ 1+1$$
$$3 = 3,\ 2+1,\ 1+2,\ 1+1+1$$

となり,$p_2 = 2, p_3 = 4$ である.

(1) p_4 を求めよ.

(2) p_n を求めよ.

【解答】 (1) 4 の表し方は,

$$4,\ 3+1,\ 1+3,\ 2+2,\ 2+1+1,\ 1+2+1,\ 1+1+2,\ 1+1+1+1$$

であり,$p_4 = 8$ である.

(2) $n = 10$ として説明する.まず,

$$10 = 1+1+1+1+1+1+1+1+1+1$$

とおく.すると,「+」は $10 - 1 = 9$ 個あることがわかる.

9 個の「+」のうちのいくつかを選び,その「+」を計算して,10 を和として表す方法を定める.例えば,次の $\oplus$ を選んで計算すると,

$$10 = 1 \oplus 1 + 1 \oplus 1 \oplus 1 + 1 + 1 \oplus 1 + 1 + 1$$
$$=\quad 2\quad +\quad 3\quad +1+\quad 2\quad +1+1$$

である.一方,この仕組みで $10 = 2+3+1+2+1+1$ という和を作りたければ,「+」はこのように選ぶしかない.したがって,10 を和として表現する方法全体と 9 個の「+」からいくつかを選ぶ方法全体との間には一対一対応が存在する.後者では,1 つの「+」を選ぶか選ばないかで 2 通りの場合があるため,総数は $2^{10-1} = 2^9$ である.

したがって,$p_n = 2^{n-1}$ である. $\qquad\square$

　　例題 6.3 は次のような帰納法で示すことができる．ここでも一対一対応が大きな役割を果たしている．

【例題 6.3(2) の別解】　$p_n = 2^{n-1}$ であることを数学的帰納法で証明する．$n = 1$ のとき，$p_1 = 1$ であり，主張は成立する．

　　$n \geq 2$ について，n の自然数の和としての表現

$$n = a_1 + \cdots + a_k$$

を考える．（ただし，k は 1 以上 n 以下のすべての整数をとる．）

場合 1.　$a_k = 1$ のとき．$n = a_1 + \cdots + a_k$ から a_k を除くことにより，

$$a_1 + \cdots + a_{k-1} = n - 1$$

を得る．このとき，帰納法の仮定により，$n - 1$ の自然数の和としての表現において，$a_1, \ldots, a_{k-1}$ の選び方は 2^{n-2} 通りである．したがって，$a_k = 1$ となる $a_1, \ldots, a_{k-1}, a_k$ の選び方も 2^{n-2} 通りである．

場合 2.　$a_k \geq 2$ のとき．$n = a_1 + \cdots + a_{k-1} + a_k$ の a_k から 1 を引くことにより，

$$a_1 + \cdots + a_{k-1} + (a_k - 1) = n - 1$$

を得る．このとき，$a_k - 1 \geq 1$ より，帰納法の仮定により，$n - 1$ の自然数の和としての表現において，$a_1, \ldots, a_{k-1}, (a_k - 1)$ の選び方は 2^{n-2} 通りである．したがって，$a_k \geq 2$ となる $a_1, \ldots, a_{k-1}, a_k$ の選び方も 2^{n-2} 通りである．

　　場合 1 と場合 2 は同時に起こらないため，

$$\begin{aligned} p_n &= 2^{n-2} + 2^{n-2} \\ &= 2^{n-1} \end{aligned}$$

である．　　　　　　　　　　　　　　　　　　　　　　　　　　　　□

6.2 一対一対応による問題解決

前節では基本的な問題を扱ったが，この節ではもう少し高度な問題を扱いたい．この章の問題は何らかの条件をみたすものの総数を求める問題であり，計算の方針が立てば解答が求まるものである．しかしながら，計算によって得られた「やるとなる」という結果よりも，一対一対応による「なるべくしてなる」という解答の方がずっと優れているだろう．

例題 6.4

$n \geq 3$ とし，円上に n 頂点 $v_1, \ldots, v_n$ をこの順で配置し，どの 2 つの頂点 v_i, v_j も直線分で結び，完全グラフ K_n を作る（図 6.2 参照）．このとき，2 辺でできる交点の数 c_n を求めよ．ただし，1 つの交点に 3 本以上の辺が交わることはないとする．

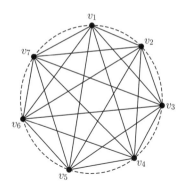

図 6.2 円上に配置された n 頂点からなる完全グラフ K_n（$n = 7$）

例題 6.4 は，完全グラフの平面描画についての問題であり，図を描いてみることで，$c_3 = 0, c_4 = 1, c_5 = 5$ がわかる．実際，c_n はどうなるのだろうか．1 つ目の解答では計算によって求めてみたい．

【例題 6.4 の解答 1】 n 個（$n \geq 3$）の頂点 $v_1, \ldots, v_n$ がすでに円上に配置されているとき，新たに 1 つの頂点 v_{n+1} を v_n と v_1 の間の弧に配置し，いくつの交点が増えるかを考察する．この値が $c_{n+1} - c_n$ であり，このことから階差

数列を用いて，c_n を求めてみる.

新たに頂点 v_{n+1} を追加することにより，v_{n+1} に接続する n 本の辺 v_1v_{n+1}, $v_2v_{n+1}, \ldots, v_nv_{n+1}$ が追加される．このとき，$k = 1, \ldots, n$ に対し，辺 v_kv_{n+1} に交わる辺は，v_iv_j $(i = 1, \ldots, k-1, j = k+1, \ldots, n)$ である．したがって，v_kv_{n+1} には $(k-1)(n-k)$ 個の新しい交点が生じるため，

$$
\begin{aligned}
c_{n+1} - c_n &= \sum_{k=1}^{n} (k-1)(n-k) \\
&= \sum_{k=1}^{n} \{-k^2 + (n+1)k - n\} \\
&= -\frac{1}{6}n(n+1)(2n+1) + (n+1) \cdot \frac{1}{2}n(n+1) - n \cdot n \\
&= \frac{1}{6}n\{-(n+1)(2n+1) + 3(n+1)^2 - 6n\} \\
&= \frac{1}{6}n(n-1)(n-2)
\end{aligned}
$$

$c_1 = 0$ とおくと，$c_2 = c_3 = 0$ となり，上記の式が成り立つ．ゆえに，

$$
\begin{aligned}
c_n &= c_1 + \frac{1}{6}\sum_{k=1}^{n-1} k(k-1)(k-2) \\
&= \frac{1}{6}\sum_{k=1}^{n-1}(k^3 - 3k^2 + 2k) \\
&= \frac{1}{6}\left\{\frac{1}{4}n^2(n-1)^2 - 3 \cdot \frac{1}{6}n(n-1)(2n-1) + 2 \cdot \frac{1}{2}n(n-1)\right\} \\
&= \frac{1}{24}n(n-1)\{n(n-1) - 2(2n-1) + 4\} \\
&= \frac{1}{24}n(n-1)(n-2)(n-3)
\end{aligned}
$$

ゆえに，$c_n = \frac{1}{24}n(n-1)(n-2)(n-3)$ が答えである．　　　　□

上記の解答により，

$$
c_n = \frac{1}{24}n(n-1)(n-2)(n-3) = \binom{n}{4}
$$

であることがわかった．このことより「n 個の対象から 4 個選ぶ方法の総数と交点の数が一致する」という答えは期待できないだろうか．

【例題 6.4 の解答 2】 図 6.3 を見ると，4 つの頂点を選ぶとただ 1 つの交点が決まることがわかる．また，任意の交点は 2 つの辺により定まる．それらの端点は重複しないので，ちょうど 4 つの頂点が定まる．したがって，$c_n = \binom{n}{4} = \frac{1}{24}n(n-1)(n-2)(n-3)$ である．

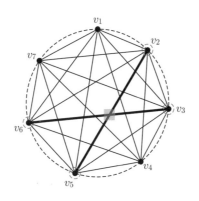

図 6.3　円上の 4 頂点から定まる交点 □

次に，集合の部分集合の個数に関する問題を考えよう．2.1.7 項で述べたように，集合 A の部分集合全体からなる集合を A のべき集合といい，2^A と表した．そして，$|2^A| = 2^{|A|}$ であることを，次のように「一対一対応の考え方」により示した（例題 2.4 参照）．図 6.4 のように，集合 A の部分集合は，A の各要素を含めるか（○で示す），含めないか（×で示す）を選択することで定まるため，A の部分集合の総数は $2^{|A|}$ である．

1	2	3	4	5	6	7	8	9	10
○	×	○	×	×	○	×	○	×	×

$\longleftrightarrow \{1, 3, 6, 8\}$

図 6.4　$A = \{1, 2, \ldots, 10\}$ における各要素の選択と部分集合の対応

次の問題は集合 $A = \{1, \ldots, n\}$ の 2 つの部分集合 X, Y を扱う問題であり，一見難しそうであるが面白い問題である．

─ 例題 6.5 ─

　n を自然数とする．集合 $A = \{1,\ldots,n\}$ の部分集合 X,Y で，$Y \subseteq X \subseteq A$ をみたすものの組 (X,Y) の総数を求めよ．

　$n = 2$ のときを考えてみよう．$A = \{1,2\}$ に対し，

$$X = \varnothing, \{1\}, \{2\}, \{1,2\}$$

であるので，それぞれの X に対し，X の部分集合 Y の取り方の総数 $2^{|X|}$ を考えると，次の表 6.1 が得られる．

表 6.1　$Y \subseteq X \subseteq A$ をみたす Y の総数 $(n = 2)$

X	$\varnothing$	$\{1\}$	$\{2\}$	$\{1,2\}$
Y の総数	1	2	2	4

したがって，$n = 2$ のとき，組 (X,Y) の総数は $1 + 2 + 2 + 4 = 9$ である．

　同様に，$n = 3$ の場合も求めてみると，

$$X = \varnothing, \{1\}, \{2\}, \{3\}, \{1,2\}, \{2,3\}, \{1,3\}, \{1,2,3\}$$

より，以下の表 6.2 を得る：

表 6.2　$Y \subseteq X \subseteq A$ をみたす Y の総数 $(n = 3)$

X	$\varnothing$	$\{1\}$	$\{2\}$	$\{3\}$	$\{1,2\}$	$\{2,3\}$	$\{1,3\}$	$\{1,2,3\}$
Y の総数	1	2	2	2	4	4	4	8

したがって，$n = 3$ のとき，組 (X,Y) の総数は次のようになる．

$$1 + 3 \cdot 2 + 3 \cdot 4 + 8 = 27$$

　この考え方がわかると，$A = \{1,\ldots,n\}$ について，次のように一般化できる．

【例題 6.5 の解答 1】　A の部分集合 X の要素の数が k であるとする（$k = 0, 1, \ldots, n$）．このとき，X の選び方は $\binom{n}{k}$ 通りである．そのそれぞれの X に対し，X の部分集合 Y の取り方が 2^k 通り存在する．したがって，$|X| = k$ となる組 (X,Y) の総数は，

$$\binom{n}{k}2^k$$

であり，求める組 (X,Y) の総数は次のようになる．

$$\binom{n}{0}2^0 + \binom{n}{1}2^1 + \cdots + \binom{n}{n-1}2^{n-1} + \binom{n}{n}2^n$$

2.1.7 項の二項定理の式に $x=1, y=2$ を代入することにより，解答を得る：

$$\binom{n}{0}2^0 + \binom{n}{1}2^1 + \cdots + \binom{n}{n-1}2^{n-1} + \binom{n}{n}2^n$$
$$= (2+1)^n = 3^n$$

したがって，組 (X,Y) の総数は 3^n 個である． □

　気持ちよく二項定理を用いることができ，有意義な解答であった．しかしながら，答えがわかってしまうと，例題 6.5 にも以下のような明快な解答を与えることができる．

【例題 6.5 の解答 2】　$Y \subseteq X \subseteq A$ のベン図を描くと，図 6.5(1) となり，各要素を配置できる部分は，

$$Y, \quad X \backslash Y, \quad A \backslash X$$

の 3 箇所であり，n 個の要素の配置の方法は 3^n 通りである．すべての要素の配置より $Y \subseteq X \subseteq A$ となる組 (X,Y) が一意的に定まる．したがって，答えは 3^n 通りである． □

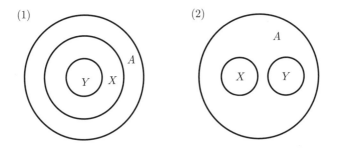

図 6.5 (1) $Y \subseteq X \subseteq A$, (2) $X \cap Y = \varnothing$

　例題 6.5 の解答 2 はこの種の問題にとてもよい示唆を与えている．例えば，以下のような問題についても，ベン図における領域数を把握しただけで，簡単に解答できる．

問題 6.a　$A = \{1, \ldots, n\}$ の部分集合 X, Y で，$X \cap Y = \varnothing$ をみたすものの組 (X, Y) の総数を求めよ（図 6.5(2) 参照）．

　座標平面上の**格子点**とは，x 座標も y 座標も整数である点である．図 6.6 のような図形を n 段階段格子という．n 段階段格子において，x 軸，y 軸，直線 $x + y = n - 1$ 上にはちょうど n 個の格子点があることに注意しよう．

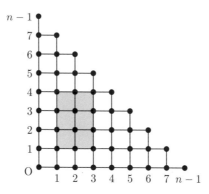

図 6.6　n 段階段格子（$n = 9$）

例題 6.6

　n 段階段格子に含まれる長方形で，格子点を頂点とし，各辺が水平か鉛直方向になっているものの個数 p_n を求めよ．

---

　n が小さい場合を調べると，$p_1 = p_2 = 0$ であり，$p_3 = 1$，$p_4 = 5$ であることがわかるが，p_n はどのような数になるだろうか．まずは，計算で求めてみよう．

【例題 6.6 の解答 1】　n 段階段格子の中の長方形 R は，その左下の頂点と右上の頂点を指定することにより，一意的に定まることがわかる（図 6.7 左参照）．したがって，左下の点を固定し，それに対する右上の点の指定の仕方を数え上げよう．

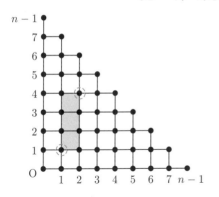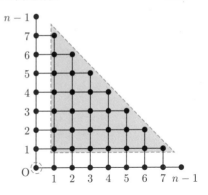

図 **6.7** n 段階段格子の長方形 $(n = 9)$

例えば, 左下の点を $(0,0)$ にとると, 右上の点の候補は図 6.7 右の青色で囲まれた部分にあり, その個数は $1 + 2 + \cdots + (n-2)$ である. 左下の点を y 軸上にとるとき, 次のようになる.

• 左下 $(0,0)$ → 右上の候補は,

$$1 + 2 + \cdots + (n-2) = \sum_{i=1}^{n-2} i \ \text{個}$$

• 左下 $(0,1)$ → 右上の候補は,

$$1 + 2 + \cdots + (n-3) = \sum_{i=1}^{n-3} i \ \text{個}$$

• 左下 $(0,2)$ → 右上の候補は,

$$1 + 2 + \cdots + (n-4) = \sum_{i=1}^{n-4} i \ \text{個}$$

• · · ·

• 左下 $(0, n-3)$ → 右上の候補は,

$$1 = \sum_{i=1}^{1} i \ \text{個}$$

結果的に, 左下の点が y 軸上にある長方形の個数は次のようになる.

$$\sum_{i=1}^{1} i + \sum_{i=1}^{2} i + \cdots + \sum_{i=1}^{n-2} i = \sum_{j=1}^{n-2} \left(\sum_{i=1}^{j} i \right)$$

同様に，左下の点が直線 $x = 1$ 上にある長方形の個数は次のようになる．

$$\sum_{i=1}^{1} i + \sum_{i=1}^{2} i + \cdots + \sum_{i=1}^{n-3} i = \sum_{j=1}^{n-3}\left(\sum_{i=1}^{j} i\right)$$

これを繰り返すと，p_n は以下の式で与えられる．

$$p_n = \sum_{j=1}^{1}\left(\sum_{i=1}^{j} i\right) + \sum_{j=1}^{2}\left(\sum_{i=1}^{j} i\right) + \cdots + \sum_{j=1}^{n-2}\left(\sum_{i=1}^{j} i\right)$$

$$= \sum_{k=1}^{n-2}\left\{\sum_{j=1}^{k}\left(\sum_{i=1}^{j} i\right)\right\}$$

　以下で，得られた式を解こう：

$$p_n = \sum_{k=1}^{n-2}\left\{\sum_{j=1}^{k}\left(\sum_{i=1}^{j} i\right)\right\}$$

$$= \sum_{k=1}^{n-2}\left\{\sum_{j=1}^{k}\frac{1}{2}j(j+1)\right\}$$

$$= \frac{1}{2}\sum_{k=1}^{n-2}\left\{\sum_{j=1}^{k}(j^2 + j)\right\}$$

$$= \frac{1}{2}\sum_{k=1}^{n-2}\left\{\frac{1}{6}k(k+1)(2k+1) + \frac{1}{2}k(k+1)\right\}$$

$$= \frac{1}{6}\sum_{k=1}^{n-2}k(k+1)(k+2)$$

$$= \frac{1}{6}\sum_{k=1}^{n-2}(k^3 + 3k^2 + 2k)$$

$$= \frac{1}{6}\left\{\frac{1}{4}(n-2)^2(n-1)^2 + \frac{1}{2}(n-2)(n-1)(2n-3) + (n-2)(n-1)\right\}$$

$$= \frac{1}{24}(n-2)(n-1)\{(n-2)(n-1) + 2(2n-3) + 4\}$$

$$= \frac{1}{24}(n+1)n(n-1)(n-2)$$

したがって，$p_n = \frac{1}{24}(n+1)n(n-1)(n-2)$ である．　　　　□

例題 6.6 の解答が,

$$p_n = \frac{1}{24}(n+1)n(n-1)(n-2) = \binom{n+1}{4}$$

であることがわかったが,一対一対応を用いた証明は考えられないだろうか.

n 段階段格子に含まれる長方形全体からなる集合を $\mathcal{R}_n$ とおく.(すなわち,$p_n = |\mathcal{R}_n|$.) また,整数 $k \geq 0$ に対し,

$$\mathcal{S}_k = \{(x,y) \in \mathbb{Z}^2 : x + y = k, \, x, y \geq 0\}$$

とおく.このとき,$|\mathcal{S}_k| = k+1$ である.特に,$\mathcal{S}_n$ は直線 $x + y = n$ 上の $n+1$ 個の格子点からなる集合である.

【例題 6.6 の解答 2】 図 6.8 のように,$\mathcal{S}_n$ に注目する.ここで,$\binom{\mathcal{S}_n}{4}$ と $\mathcal{R}_n$ が一対一に対応するため,答えは,

$$p_n = |\mathcal{R}_n| = \binom{n+1}{4}$$

である.

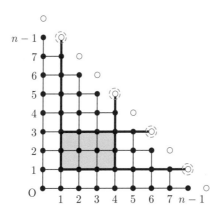

図 6.8 $\mathcal{S}_n$ 上の 4 点で定まる長方形 ($n=9$) $\qquad\Box$

2 つ目の解答では,斜辺上に 1 だけ浮かせた直線上の $n+1$ 点に注目するのが不自然と思われるだろう.ここで,斜辺 $x + y = n-1$ 上の n 点からなる集合 $\mathcal{S}_{n-1}$ より 4 点を選ぶとどうなるか考えてみよう.

図 6.9 左のように，$\binom{\mathcal{S}_{n-1}}{4}$ の各要素から，ただ 1 つの長方形が定まっている．したがって，$\binom{\mathcal{S}_{n-1}}{4}$ から $\mathcal{R}_n$ への単射 ϕ があることがわかる．しかしながら，$\left|\binom{\mathcal{S}_{n-1}}{4}\right| = \binom{n}{4}$ かつ $|\mathcal{R}_n| = \binom{n+1}{4}$ であるため，写像 ϕ は全射にはならない．

その原因は何であろうか．$\binom{\mathcal{S}_{n-1}}{4}$ には対応しないが，$|\mathcal{R}_n| = \binom{n+1}{4}$ で数えられている長方形があるはずである．それらは図 6.9 右のような長方形で，斜辺 $x+y = n-1$ 上に頂点を持つようなものである．このような長方形は $\binom{\mathcal{S}_{n-1}}{3}$ と対応づけられるため，それらの個数は $\binom{n}{3}$ である．ゆえに，よく知られた二項係数の加法に関する公式により，

$$|\mathcal{R}_n| = \binom{n}{3} + \binom{n}{4} = \binom{n+1}{4}$$

が得られた．

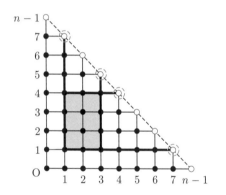 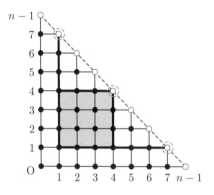

図 6.9 $\mathcal{S}_{n-1}$ 上の点で定まる長方形（$n = 9$）

例題 6.6 の 1 つ目の解答では，膨大なシグマ計算を高校数学で暗記した公式を駆使して $|\mathcal{R}_n|$ を計算した．以下の問題は，その計算を省力化するための工夫であり，二項係数とシグマ公式の重要な関係を表している．

問題 6.b 長方形の個数 $|\mathcal{R}_n|$ を求めるための等式

$$\sum_{k=1}^{n-2}\left\{\sum_{j=1}^{k}\left(\sum_{i=1}^{j}i\right)\right\}=\binom{n+1}{4}$$

を次の 2 つの等式を用いて証明せよ.

$$\sum_{k=1}^{n}k=\binom{n+1}{2},\quad\binom{n}{k}+\binom{n}{k-1}=\binom{n+1}{k}$$

例題 6.6 では階段格子の長方形の個数を考えたが,次の問題では三角格子の中の三角形を数えてみよう.例題 6.6 と同じようなアプローチが可能なので,是非とも,しっかり取り組んでほしい.

問題 6.c 正三角形の各辺を $n-1$ 等分し,図 6.10 のように,それらの点を通る直線分を各辺と平行に配置する.このようにして得られたものを n 段**三角格子**という.また,直線分の交点を**格子点**と呼ぶ.n 段三角格子に含まれる上向きの三角形で,格子点を頂点とするものの個数 q_n を求めよ.

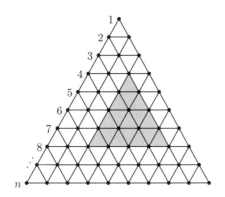

図 6.10 n 段三角格子と上向き三角形

問題 6.c では上向き三角形のみを考えたが,下向き三角形や,傾いた正三角形などが考えられる.それらの個数を求めるのは面白い問題なので取り組んでみてほしい.

なお,例題 6.6 も問題 6.c も 2 次元の問題を扱った.これらの問題は次元に関して一般化できそうなので,そういう問題に取り組んでもよいだろう.

░░░░░░░░░░░░░░░░░░░░░░**演 習 問 題**░░░░░░░░░░░░░░░░░░░░░░

演習 6.1 p, q, r をどの 2 つも互いに素である自然数とする.

(1)　$p \times q$ の長方形が単位正方形に分割されたものを $R_{p,q}$ とおく（図 6.11 左参照）.このとき, $R_{p,q}$ の対角線 L を引くとき, それに交わる単位正方形の個数を求めよ.

(2)　$p \times q \times r$ の直方体が単位立方体に分割されたものを $R_{p,q,r}$ とおく（図 6.11 右参照）. このとき, $R_{p,q,r}$ の対角線 L を引くとき, それに交わる単位立方体の個数を求めよ.

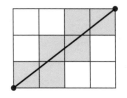 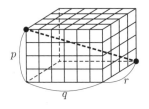

図 6.11　3×4 の長方形 $R_{3,4}$ と $p \times q \times r$ の直方体 $R_{p,q,r}$

演習 6.2　n 個の白点と n 個の黒点を円上に交互に配置し, どの白点もすべての黒点と直線分で結ぶ. ただし, 同色を結ぶものはなく, 同一の点で 3 本以上の直線分は交わらないと仮定する（図 6.12 参照）. このときの交点の個数 d_n を求めよ.

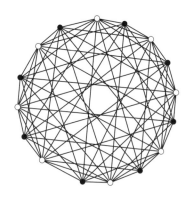

図 6.12　円上の白点 n 個と黒点 n 個 $(n = 8)$

第7章
関数のオーダーと問題解決

　円上の n 点を考えて，そのうちのいくつかを頂点とする三角形と五角形の数はどちらが多いだろうか．三角形は全部で $\binom{n}{3}$ 個，五角形は全部で $\binom{n}{5}$ 個あるのでこれらを比較すればよい．例えば，$n = 5$ のとき三角形は 10 個，五角形は 1 個なので，三角形の方が多いが，これは大きな n に対してもそうなのだろうか.

　本章では，このような問題に対し，関数をある意味で大雑把に評価するための指標となる「関数のオーダー」という概念を説明し，さらにそれを用いて問題を解決するという試みを紹介したい.

7.1 オーダーを記述する表記

7.1.1 ビッグ・オーによる表記

　自然数全体からなる集合 $\mathbb{N}$ を定義域とし，実数全体からなる集合 $\mathbb{R}$ を終域とする写像 f, g を考える．このとき，

> ある自然数 N_0 と，ある定数 $C_0 > 0$ に対し，
> 　任意の $n \geq N_0$ において，$|f(n)| \leq C_0|g(n)|$
> が成り立つとき，$f(n) = O(g(n))$ $(n \to \infty)$ と書く.

この表記はランダウ（Landau）の記号と呼ばれている．また，$O(\ )$ はビッグ・オーと読む．この定義において

- 「任意の $n \geq N_0$」の部分は，n が十分に大きなところだけで比較している，つまり，n が小さいところは無視していること
- 「$\leq C_0|g(n)|$」の部分は，C_0 という定数倍は無視していること

をそれぞれ意味し，それらの仮定のもとで $|f(n)|$ が $|g(n)|$ 以下であると言っている．特に，$\lim_{n \to \infty} \left|\dfrac{f(n)}{g(n)}\right|$ が存在する場合には，この条件は，その極限値が有

限であることと同値である.

この記号は $f(n)$ のふるまいを見るためのものなので, $g(n)$ は $n, n^2, \log_2 n$ のような単純な形の関数を用いることが多い.

なお, $f(n) = O(g(n))$ を $O(g(n)) = f(n)$ と書くことは通常はない. 慣習として等号を使うが, 対称律は成り立たず,

$f(n)$ は $g(n)$ と n が十分に大きなところで同じか小さい

という不等号の関係を表している. そのため, $f(n) \leq O(g(n))$ や $f(n) \in O(g(n))$ のように書くこともある.

$x \in \mathbb{R}$ が 0 に十分に近いところで $|f(x)| \leq C_0|g(x)|$ が成り立つとき, $f(x) = O(g(x))$ $(x \to 0)$ と書くことがある. 解析学などの分野では, こちらの意味で使われることが多いだろう. どちらの表記においても, 文脈から判断できる際には, $(n \to \infty)$ や $(x \to 0)$ は省略される. 本書は常に $(n \to \infty)$ の意味で使うこととして, 以後, $(n \to \infty)$ は省略する.

── 例題 7.1 ──

$10n + 3 = O(n^2)$ かつ $10n + 3 = O(n)$ であることを示せ.

【解答】 任意の自然数 $n \geq 11$ に対し, $|10n + 3| \leq |n^2|$ なので, $N_0 = 11$ かつ $C_0 = 1$ とすれば $10n + 3 = O(n^2)$ が成り立つことがわかる. また, $N_0 = 1$ かつ $C_0 = 13$ として, 任意の自然数 $n \geq 1$ に対し, $|10n + 3| \leq 13|n^2|$ であることから $10n + 3 = O(n^2)$ を示してもよい.

また, $N_0 = 1$ かつ $C_0 = 13$ とすると, 任意の自然数 $n \geq N_0$ に対し, $|10n + 3| \leq C_0|n|$ なので, $10n + 3 = O(n)$ もわかる.　　　　□

例題 7.1 は, $10n + 3$ という関数が, n^2 と n という関数によって, ある意味で上から押さえられていることを意味している. $n \geq 1$ において $n \leq n^2$ なので, $10n + 3 = O(n)$ の方がよい評価である.

── 例題 7.2 ──

$\log_2 n = O(n)$ は成り立つが, $n = O(\log_2 n)$ は成り立たないことを示せ.

【解答】 任意の自然数 $n \geq 1$ に対し $|\log_2 n| \leq |n|$ が成り立つので，$N_0 = 1$，$C_0 = 1$ とすれば，$\log_2 n = O(n)$ がわかる．一方で，どのような自然数 N_0 と定数 $C_0 > 0$ に対しても，ある自然数 $n \geq N_0$ について $|n| > C_0|\log_2 n|$ が成り立つ．つまり，$n = O(\log_2 n)$ の否定が成立するので，$n = O(\log_2 n)$ は成り立たない． $\square$

問題 7.a 次のうちで正しいものはどれか．

(a) $n^{100} = O(2^n)$　　(b) $2^n = O(n^{100})$　　(c) $2^{100} = O(1)$

7.1.2 ビッグ・オーの性質

ここではビッグ・オーの基本的な性質を紹介しよう．これを利用すると，いろいろな関数の評価が行いやすくなる．

定理 7.3 関数 f_1, f_2, g_1, g_2 に対し，次の3つが成り立つ．

(1) $f_1(n) = O(g_1(n))$ かつ $f_2(n) = O(g_1(n))$ のとき，

$$f_1(n) + f_2(n) = O(g_1(n))$$

(2) $f_1(n) = O(g_1(n))$ かつ $f_2(n) = O(g_2(n))$ のとき，

$$f_1(n) \cdot f_2(n) = O(g_1(n) \cdot g_2(n))$$

(3) $f_1(n) = O(g_1(n))$ のとき，$c \neq 0$ である定数 c に対し，

$$c \cdot f_1(n) = O(g_1(n)) \quad \text{かつ} \quad f_1(n) = O(c \cdot g_1(n))$$

[証明] (1) $i = 1, 2$ において，ある自然数 N_i とある定数 $C_i > 0$ に対し，任意の $n \geq N_i$ において $|f(n)| \leq C_i|g_1(n)|$ が成り立つ．このとき，$N_0 = \max\{N_1, N_2\}$ かつ $C_0 = C_1 + C_2$ とおくと，任意の $n \geq N_0$ に対し，

$$|f_1(n) + f_2(n)| \leq |f_1(n)| + |f_2(n)| \leq C_1|g_1(n)| + C_2|g_1(n)| = C_0|g_1(n)|$$

が成り立つ．これより $f_1(n) + f_2(n) = O(g_1(n))$ が示せた．

(2) は問題とする．(3) は各自で確認してほしい． $\square$

問題 7.b 定理 7.3(2) を示せ．

例えば，

$$f(n) = n^2(2n - 12)(3n^4 + n - 2)$$

に対し，定理 7.3(1), (3) を用いることで，$n^2 = O(n^2)$, $2n - 12 = O(n)$, $3n^4 + n - 2 = O(n^4)$ がわかり，定理 7.3(2) により $f(n) = O(n^2 \cdot n \cdot n^4) = O(n^7)$ が示せる．このように，複雑な関数も定理 7.3 を用いることで，ビッグ・オーでの評価が考えやすくなる．

ビッグ・オーに関しては，通常の等式と同様の考え方で，さらに複雑な関数を扱うことがある．例えば，$(n+1)^2 = n^2 + O(n)$ は，右辺の n^2 を左辺に移項した $(n+1)^2 - n^2 = O(n)$ を意味する．これは簡単な計算より正しいことがわかる．$5n \log_2 n = (\log_2 n + O(1))n$ は，両辺を n で割って $\log_2 n$ を移項した $4 \log_2 n = O(1)$ と同じ意味を持つので，これは誤っている．また，$n^{10} = 2^{O(n)}$ のような表記も可能である．これは，両辺の対数をとった $10 \log_2 n = O(n)$ の意味で，正しい表記である．

7.1.3　類似の記号

ビッグ・オーは，「n が十分に大きなところで同じか小さい」という関係を表しているが，以下のような類似の記号も使われる．$g(n), f(n)$ を，自然数全体からなる集合 $\mathbb{N}$ を定義域とし，実数全体からなる集合 $\mathbb{R}$ を終域とする写像とする．

- [スモール・オー]　$\displaystyle \lim_{n \to \infty} \left| \frac{f(n)}{g(n)} \right| = 0$ のとき，$f(n) = o(g(n))$ と書く．これは，$f(n)$ が $g(n)$ よりも，n が十分に大きなところで真に小さいことを意味する．

- [ビッグ・オメガ]　ある自然数 N_0 と，ある定数 $C_0 > 0$ に対し，
  　　任意の $n \geq N_0$ において $|f(n)| \geq C_0|g(n)|$
  が成り立つとき，$f(n) = \Omega(g(n))$ と書く．これは，$f(n)$ が $g(n)$ よりも n が十分に大きなところで同じか大きいことを意味する．

- [スモール・オメガ]　$\displaystyle \lim_{n \to \infty} \left| \frac{f(n)}{g(n)} \right| = +\infty$ のとき，$f(n) = \omega(g(n))$ と書く．これは，$f(n)$ が $g(n)$ よりも n が十分に大きなところで真に大きいことを意味する．

- [シータ]　$f(n) = O(g(n))$ かつ $f(n) = \Omega(g(n))$ のとき，$f(n) = \Theta(g(n))$ と書く．これは，$f(n)$ が $g(n)$ と n が十分に大きなところで"本質的に"同じ大きさであるを意味する．

定義より，次の 3 つが成り立つ.

$$f(n) = \Omega(g(n)) \quad \Leftrightarrow \quad g(n) = O(f(n))$$
$$f(n) = \omega(g(n)) \quad \Leftrightarrow \quad g(n) = o(f(n))$$
$$f(n) = \Theta(g(n)) \quad \Leftrightarrow \quad g(n) = \Theta(f(n))$$

問題 7.c 次のそれぞれは正しいか.

(1) $\sqrt{n^2 + n} = \omega(n)$ (2) $2^n = \Theta(3^n)$

7.1.4 代表的な関数のオーダー

ここで，多項式関数や対数関数，指数関数などの代表的な関数をオーダーの意味で比較しよう．次の事実が知られている.

> **定理 7.4** 次の 3 つが成り立つ.
> (1) 任意の正の実数 a, b に対し，$a < b$ ならば $n^a = o(n^b)$ である.
> (2) 任意の正の実数 a, k に対し，$(\log_2 n)^k = o(n^a)$ である.
> (3) 任意の正の実数 a と $r > 1$ に対し，$n^a = o(r^n)$ である.

定理 7.4 は，簡単な極限の計算で示せるので，各自で確認してほしい．また，任意の実数 $r > 1$ に対し，$r^n = o(n!)$ が正しいこともわかる．（n の階乗 $n!$ の近似値を求めるスターリングの公式が知られているので，興味がある方は調べてほしい．）これと定理 7.4(2), (3) により，代表的な関数に次のような大小関係があることがわかる.

対数関数 ≪ 多項式関数 ≪ 指数関数 ≪ 階乗関数

次に，この本で何度も登場している二項係数を考えよう.

例題 7.5
$\binom{n}{7} = \Theta(n^7)$ であることを示せ.

【解答】 まず，

$$\binom{n}{7} = \frac{n(n-1)\cdots(n-6)}{7!} \leq \frac{n^7}{7!}$$

なので，$N_0 = 1$ かつ $C_0 = \frac{1}{7!}$ とすることで，

$$\binom{n}{7} = O(n^7)$$

がわかる．一方で下からの評価は少し工夫が必要である．$n \geq 12$ のとき，$n - 6 \geq \frac{n}{2}$ なので，

$$\binom{n}{7} = \frac{n(n-1)\cdots(n-6)}{7!}$$

$$\geq \frac{\left(\frac{n}{2}\right)^7}{7!} = \frac{n^7}{2^7 \cdot 7!}$$

が成り立つ．したがって，$N_0 = 12$ かつ $C_0 = 2^7 \cdot 7!$ とすると，任意の $n \geq N_0$ に対し $n^7 \leq C_0 \binom{n}{7}$ が成り立つので，$n^7 = O(\binom{n}{7})$，つまり $\binom{n}{7} = \Omega(n^7)$ である．（$N_0 = 9$ かつ $C_0 = 3^7 \cdot 7!$ など，N_0 や C_0 は他の選び方もある．）

これらより，

$$\binom{n}{7} = \Theta(n^7)$$

が示せた．　　　　　　　　　　　　　　　　　　　　　　　　　　　□

上の例と同様にして，以下の定理が示せる．なお，ここでの「定数 k」は，「k は n とは無関係な自然数」という意味で使っている．（k が n の関数となるとき，例えば $k = \frac{n}{2}$ などのときは，定理 7.6 は成り立たない．）

定理 7.6　任意の定数 k に対し，次が成り立つ．

$$\binom{n}{k} = \Theta(n^k)$$

この章の最初で述べた，円上の n 点のいくつかを頂点とする三角形と五角形の数であるが，定理 7.6 により，

- 三角形の数は $\binom{n}{3} = \Theta(n^3)$

- 五角形の数は $\binom{n}{5} = \Theta(n^5)$

であるので，大きな n に対しては，五角形の数の方が多くなることがわかる．

7.2　正多角形の中の三角形

次の問題を考えよう.

平面上の正 n 角形を考える. その中の3頂点を選び, 三角形を作る方法の総数 p_n を求めよう. ただし, 回転や裏返しで重なるものは同じものとみなす.

この問題は, 回転や裏返しで重なるものを "異なるものとみなす" ならば, とても簡単である. つまり,

$$\binom{n}{3} = \frac{1}{6}n(n-1)(n-2)$$

である. 一方で, 回転や裏返しで重なるものを同じものとみなす場合, 個々の三角形の形による対称性がいろいろであり, たいへん難しい. まず, n が小さい場合に具体的に考えよう.

$n = 3$ のとき, $p_n = 1$ は自明であるため, $n = 4, 5, 6, 7, 8$ を考えることにしよう. 図 7.1 のように考えると, $n \geq 4$ に対し, 正 n 角形の頂点を使った三角形で合同でないものは $n - 3$ 個あるように感じられる.

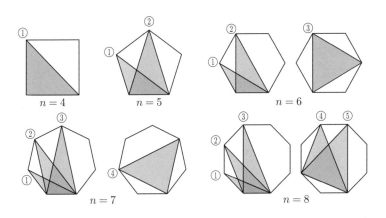

図 **7.1**　正 n 角形の頂点を使った三角形

┌─ **例題 7.7** ─────────────────────────────
│　任意の $n \geq 4$ に対し，$p_n = n - 3$ といえるだろうか.
└──

【解答】　以下で，大きな n に対しては $p_n > n - 3$ であることを示す.（しかしながら，p_n の値を求めるのではない.）

　正 n 角形の頂点を使った三角形について，回転や裏返しで重なるものを含めて異なる三角形をすべて数え上げたときの総数を s_n とおくと，定理 7.6 により，

$$s_n = \binom{n}{3} = \Theta(n^3)$$

である. ここで，各三角形 T に対し，T と合同な三角形が s_n で何回数えられているかを考える.

- T が正三角形のとき.（これは n が 3 の倍数のときしか起こらない.）T と合同な三角形は，s_n に，T 自身を含めてちょうど $\frac{n}{3}$ 回含まれる.

- T が正三角形ではない二等辺三角形のとき. T を回転させることにより，T と合同な三角形は，s_n に，T 自身を含めてちょうど n 回含まれる.

- T が二等辺三角形ではないとき. T を回転させることにより，T と合同な n 個の三角形を見つけることができる. そのそれぞれの裏返しを考えることにより，T と合同な三角形は，s_n に，T 自身を含めてちょうど $2n$ 回含まれる.

　上記の考察により，T の形によって，T が s_n で何回数えられているかがわかったので，それを考慮に入れて計算すれば，p_n の具体的な値を求めることができる. しかしながら，以下のように，関数のオーダーによる評価をすると簡単である.

　上記の考察により，どんな三角形 T も s_n に高々 $2n$ 回しか含まれない. したがって，$p_n \geq \frac{s_n}{2n} = \Theta(n^2)$ であるため，

$$p_n = \Omega(n^2)$$

であり，n が大きければ $p_n > n - 3$ となる. □

問題 7.d　正九角形の頂点を使った三角形の個数 p_9 を求めよ.

この問題で求めた値 p_n は、自然数 n を 3 つの自然数の和として表現する方法に一致している。（自然数 n を自然数の和として表現する方法の総数は**分割数**として知られている。）ゆえに、n の自然数の和による表現については、和において加える順番を区別すれば簡単であるが、区別しなければ難しい問題である。そのような問題について、オーダーを考えることにより、ある程度の示唆が与えられることがこの例題の主張である。

次も、予想される値が一般には成り立たないことが、オーダーによる評価でわかるものである。

── 例題 7.8 ──

円上に n 点を置き、どの 2 つも直線分で結ぶ。ただし、3 本の直線分が 1 点で交わることないように、n 点を配置する。このときの図形の有限面の数を r_n とおく。そうすると、図 7.2 のように、$n = 1, 2, 3, 4, 5$ のとき、$r_n = 2^{n-1}$ であるため、

> 「任意の $n \geq 1$ に対し、$r_n = 2^{n-1}$ である」

と予想される。これは正しいだろうか。

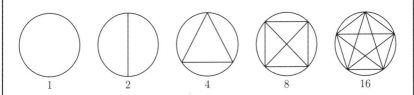

図 7.2 円上の n 点に対し、円の内部の有限面の数

【解答】 それぞれの図から円を取り除いたときの、有限面の数を r_n' とおくと、

$$r_n' = r_n - n$$

である（図 7.3 参照）。以下で、

$$r_n' = O(n^4)$$

であることを示そう。それが示されれば、

$$r_n = O(n^4)$$

であり、$r_n = 2^{n-1}$ が否定される。

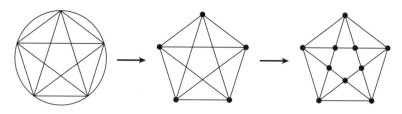

図 **7.3**　交点に頂点を加えた平面グラフ G_n

　円周上の n 点を結ぶ直線分の交点に頂点を置くことにより，得られた平面グラフを G_n とおく．そして，G_n の頂点，辺，無限面を含めた面全体からなる集合をそれぞれ V, E, F とおく．例題 6.4 の結論により，

$$|V| = n + \binom{n}{4}$$

である．また，G_n は単純平面グラフであるため，

$$2|E| \geq 3|F|$$

である．したがって，オイラーの公式（定理 5.16）

$$|V| - |E| + |F| = 2$$

と定理 7.6 により，

$$|F| \leq 2|V| - 4$$
$$= 2\left\{ n + \binom{n}{4} \right\} - 4 = O(n^4)$$

である．これにより，G_n の有限面の個数 r'_n は，

$$r'_n = |F| - 1 = O(n^4)$$

であり，$r_n = O(n^4)$ となる．　　　　　　　　　　　　　　　　□

問題 7.e　例題 7.8 におけるグラフ G_n の有限面の数 r'_n を求めよ．

問題 7.f　n 個の白点と n 個の黒点を，円上に交互に並べ，異なる色の点どうしをすべて直線分で結ぶ．ただし，3 本の直線分が 1 点で交わることがないように点を配置する．このときの有限面の数を求めよ（図 6.12 参照）．

7.3 木の格子点への埋め込み

与えられたグラフを平面上の格子点に埋め込む問題を考える．つまり，グラフ G の点を格子点（座標平面で x 座標も y 座標も整数である点）に置き，さらに，G の辺を格子点と格子点を結ぶ長さ 1 の直線分に置く．ただし，同じ格子点に G の 2 つの頂点を置くことはできない．

そのような埋め込みが存在するためにグラフ G がみたすべき必要条件は，「最大次数が 4 以下」であることである．（なぜならば，座標平面の任意の格子点は，距離が 1 の格子点を上下左右の 4 つしか持たないためである．）ここでは，次の「完全二分木」を考えることにする．

自然数 $k \geq 1$ に対し，次の条件をみたす木を深さ k の**完全二分木**という（図 7.4 参照）．

- ある頂点 v_0 は次数 2 で，その他の頂点は次数 1 か 3 である．
- すべての次数 1 の頂点 u に対し，v_0 から u までの距離は k である．

頂点 v_0 をこの完全二分木の**根**という．特に，深さ k の完全二分木において，次数 1 の頂点は 2^k 個存在する．

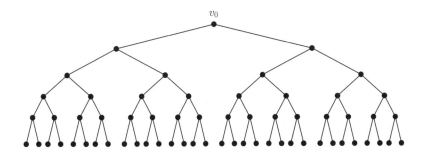

図 7.4 根が v_0 の，深さ 5 の完全二分木

小さい k に対し，深さ k の完全二分木は格子点に埋め込むことができる．図 7.5 は，深さ 4 の完全二分木 T_4 の格子点への埋め込みの例である．一方で，大きい k に対してはどうだろうか．

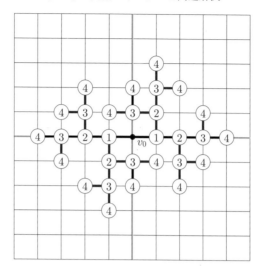

図 **7.5**　T_4 の格子点への埋め込み

— 例題 7.9 —

　次をみたす定数 N が存在することを示せ：任意の $k \geq N$ に対し，深さ k の完全二分木 T_k は格子点に埋め込めない．

【解答】　完全二分木 T_k の根を原点に置くとしてよい．T_k の各頂点は根からの距離が高々 k であるので，もし，T_k が格子点に埋め込めたならば，T_k のすべての頂点は，領域

$$R_k = \{(x, y) \in \mathbb{R}^2 : |x| + |y| \leq k\}$$

に置かれている．R_k の格子点の個数を r_k とおくと，

$$r_k = \Theta(k^2)$$

である．ところが，

$$|V(T_k)| = 1 + 2 + 2^2 + \cdots + 2^k = \Theta(2^k)$$

であるので，大きな k に対し，$|V(T_k)| > r_k$ となる．したがって，T_k は格子点に埋め込めない． □

例題 7.9 では，T_k の次数 3 の頂点が密集しており，k が大きいとき，T_k は格子点に埋め込めなくなってしまった．では，T_k において次数 3 の頂点を少し離してみたらどうだろうか．T_k の各辺を m 個の次数 2 の頂点で細分して得られるグラフ T_k^m を考えよう（図 7.6 参照）．

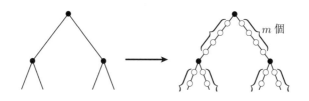

図 **7.6** m 頂点による細分

問題 7.g 完全二分木 T_k を細分して得られる木 T_k^m が格子点に埋め込めるかどうかを考えよ．

 アルゴリズムの計算量のオーダー

コンピュータに様々な計算を行わせる手順のことをアルゴリズムというが，そのアルゴリズムの速さを理論的に比較するために，オーダーが用いられる．本節ではその一例として，いくつかのソートのアルゴリズムを比較しよう．

ソートは，いくつかの数が適当な順番で与えられたとき，それを適切な順番に並べ替える操作のことである．特に，昇順（小さい方から大きい方への順番）に並べ替えることが多い．例えば，$3, 6, 1, 4, 7$ という数列を $1, 3, 4, 6, 7$ と並べ替えることである．一般に，相異なる N 個の数による数列

$$a_1, a_2, \ldots, a_N$$

が与えられたときに，その N 個の数を並び替えた数列

$$b_1, b_2, \ldots, b_N$$

で，

$$b_1 < b_2 < \cdots < b_N$$

となるものを見つけるための以下の 2 つのアルゴリズムを考えよう．

アルゴリズム 7.10 $a_1, a_2, \ldots, a_N$ の並び替えは，全部で $N!$ 個あるので，それをすべて列挙し，その中から条件をみたすものを探し，$b_1, b_2, \ldots, b_N$ とする．

アルゴリズム 7.11 （選択ソート） まず，$a_1, a_2, \ldots, a_N$ の中で最小の数を見つけ，それを b_1 とする．以下，$2 \leq i \leq N-1$ に対し，

$a_1, a_2, \ldots, a_N$ の中で，$b_1, \ldots, b_{i-1}$ 以外の $(N-i+1)$ 個から最小の数を見つけ，それを b_i とする

ことを帰納的に繰り返す．

どちらのアルゴリズムでも $b_1 < b_2 < \cdots < b_N$ をみたす数列 $b_1, b_2, \ldots, b_N$ が得られるが，アルゴリズム 7.10 の方が多くの手間がかかることを，オーダーの考え方を用いて示してみよう．1 回の比較にかかる時間が定数であるとすると，まず，アルゴリズム 7.10 は，$N!$ 個の数列を比較するため $O(N!)$ 時間かかる．一方で，アルゴリズム 7.11 を考えるが，そのために次の補題を使う．

補題 7.12 相異なる t 個の数に対し，その中の最小のものを見つけるためには，$t-1$ 回の比較を行えば十分である．

問題 7.h 補題 7.12 を示せ．

アルゴリズム 7.11 では，次のように $b_1, b_2, \ldots, b_N$ が決まる．

- 補題 7.12 により，$a_1, a_2, \ldots, a_N$ の中で最小の数を $(N-1)$ 回の比較で見つけることができる．
- 補題 7.12 により，$a_1, a_2, \ldots, a_N$ の中で，b_1 以外の $(N-1)$ 個から最小の数を $(N-2)$ 回の比較で見つけることができる．
- $\cdots$
- 補題 7.12 により，$a_1, a_2, \ldots, a_N$ の中で，$b_1, \ldots, b_{i-1}$ 以外の $(N-i+1)$ 個から最小の数を $(N-i)$ 回の比較で見つけることができる（$2 \leq i \leq N-1$）．

したがって，合計で，

$$(N-1)+(N-2)+\cdots+2+1=\frac{N(N-1)}{2}$$

回の比較で $b_1, b_2, \ldots, b_N$ が得られる．そのため，1 回の比較でかかる時間が定数のとき，全体で，

$$O\left(\frac{N(N-1)}{2}\right)=O(N^2)$$

時間かかることがわかる．

以上より，アルゴリズム 7.10 は $O(N!)$ 時間，アルゴリズム 7.11 は $O(N^2)$ 時間かかることがわかり，後者の方が速いアルゴリズムといえる．このように，入力のサイズが N のとき，アルゴリズムが必要な計算時間の最大値を，そのアルゴリズムの最悪時間計算量，または単に**時間計算量**という．

アルゴリズムにおいて，比較でかかる時間は計算機の性能等によって変わる可能性があるが，「定数時間である」こと以上には重要でないことが多い．そのため，アルゴリズムの速さは，通常，その時間計算量のオーダーで比較する．アルゴリズム 7.10 のように，$O(N!)$ 時間かかるアルゴリズムは，計算に時間がかかりすぎて現実には使い物にならないだろう．一方で，アルゴリズム 7.11 は $O(N^2)$ 時間でソートできるため，現実でも利用できるかもしれない．なお，マージソートやクイックソートなど，時間計算量が $O(N \log_2 N)$ であるような，さらに速いアルゴリズムが知られている．

問題 7.i N 枚のコインがあり，そのうちの 1 枚が偽物である．本物はすべて同じ重さで，偽物は本物よりも軽いとする．重さを比較する天秤（図 7.7 参照）を何回使えば，偽物を見つけられるだろうか．その回数をオーダーで答えよ．

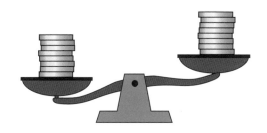

図 7.7 天秤によるコインの計量

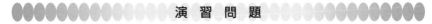

演習問題

演習 7.1

$$\sum_{i=1}^{n} i^{100} = \Theta(n^{101})$$

を示せ.

演習 7.2　$n \times n$ のマス目において，そのいくつかのマス目を使う長方形のうち，以下のような条件をみたすものの個数をそれぞれ考える．ただし，簡単のため $\sqrt{n}$ は自然数であるときのみを考えるとする．以下のそれぞれの関数 $f_i(n)$ $(i = 1, 2, 3, 4, 5)$ のオーダーを評価せよ.

(1)　$f_1(n)$ を 1×2 の長方形の数とする.

(2)　$f_2(n)$ を $1 \times \sqrt{n}$ の長方形の数とする.

(3)　$f_3(n)$ を $1 \times (n - \sqrt{n})$ の長方形の数とする.

(4)　$f_4(n)$ を正方形の数とする.（大きさは自由）

(5)　$f_5(n)$ を長方形の数とする.（形・大きさは自由）

演習 7.3　定義域を $\mathbb{N}$, 終域を $\mathbb{R}$ とする写像全体からなる集合 X を考える.

(1)　この集合 X 上の二項関係 $\triangleleft$ を，$f, g \in X$ に対し，

$$f \triangleleft g \iff f = O(g)$$

と定義する．このとき，$\triangleleft$ が X 上の半順序関係ではないことを示せ.

(2)　この集合 X 上の二項関係 $\simeq$ を，$f, g \in X$ に対し，

$$f \simeq g \iff f = \Theta(g)$$

と定義する．このとき，二項関係 $\simeq$ が X 上の同値関係であることを示せ.

(3)　この二項関係 $\simeq$ の商集合 $X/\simeq$ 上の二項関係 $\preceq$ を，$D, D' \in X/\simeq$ に対し，

$$D \preceq D' \iff \text{ある } f \in D \text{ と } g \in D' \text{ が } f = O(g) \text{ をみたす}$$

と定義する．これが問題なく定義されていることを示せ.

ヒント：例えば，$f_1, f_2 \in D$ と $g \in D'$ に対し，もし，$f_1 = O(g)$ だが $f_2 \neq O(g)$ だとすると，$D \preceq D'$ であるか $D \npreceq D'$ であるかが定義できない．このような問題が起こらないことを示せばよい.

(4)　(3) の二項関係 $\preceq$ が，商集合 $X/\simeq$ 上の半順序関係であることを示せ.

第8章
タイルの敷き詰め問題

　この章では，「マス目のタイルによる敷き詰め問題」を扱う．特に，問題解決のための試行錯誤，さらに，問題解決のためのさまざまな論理の活用により，離散数学の問題に親しんでほしい．

8.1　マス目の色分けと敷き詰め

　この節では，与えられたマス目がある種のタイルによる**敷き詰め**を持つかどうかを考える．ただし，タイルよる「敷き詰め」とは，どの2つのタイルも重ならないようにマス目を覆いつくすことである．

　まずは，以下の問題を考えよう．

── 例題 8.1 ──

　図 8.1 の2つは 5×6 と 5×7 のマス目である．これらは 1×2 の長方形型のタイルで敷き詰められるだろうか．

(1) 　　　(2)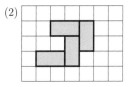

図 8.1　5×6 と 5×7 のマス目

【解答】　(1)　可能である．（実際敷き詰めてみよう．）

(2)　まず，次の命題が成立する：

　　　　　「マス目がタイルで敷き詰め可能 $\Rightarrow$ マスの数が偶数」

5×7 のマス目はマスの数が奇数であり，マス目が敷き詰められるための必要条件をみたしていない．したがって，敷き詰めは不可能である．　　　　　□

例題 8.1 から，次の命題が成立することがわかるだろう．

「$m \times n$ の長方形型のマス目が 1×2 のタイルで敷き詰め可能である
ための必要十分条件は，m または n が偶数である」

次に欠損したマス目を扱う有名な問題を紹介する．

例題 8.2

10×10 のマス目から左上と右下の 1 マスを取り除いたとき，残りのマ
ス目を 1×2 のタイルで敷き詰められるか（図 8.2 参照）．

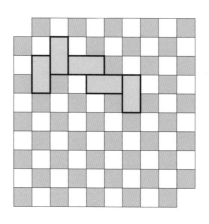

図 8.2 左上と右下を取り除いた 10×10 のマス目

マスの数は $10 \times 10 - 2 = 98$ であるので，1×2 のタイル 49 枚で敷き詰め
られるように感じられる．実際はどうだろうか．

【例題 8.2 の解答】 図 8.2 のようにマス目を白とグレーの市松模様に色分けす
ると，どの 1×2 のタイルも白いマスとグレーのマスを 1 つずつ覆うことがわ
かる．したがって，

「1×2 のタイルで敷き詰め可能 $\Rightarrow$ 白いマスとグレーのマスの数が等しい」
が成り立つ．図 8.2 のマス目では，白マスの数が 48，グレーのマスの数が 50
であり，上で述べた「敷き詰め可能であるための必要条件」をみたしていない．
よって，1×2 のタイルによる敷き詰めは不可能である． □

例題 8.2 の解答では，白とグレーによる市松模様の図形において，

「1×2のタイルで敷き詰め可能 ⇒ 白いマスとグレーのマスの数が等しい」

を用いた．しかし，その逆は成り立たないことに注意しよう．

例題 8.1 や例題 8.2 のように，与えられたマス目が敷き詰め可能かどうかを決定する問題では，「可能な場合は，ある1つの敷き詰めを示せばよい」のに対し，「不可能な場合は，どのようにしても敷き詰められない」ことを示す必要がある．後者にはマス目の色分けが有用である．

以下の問題では図 8.3 のタイルを用いる．それぞれが4マスからなるものであり，左から L 型タイル，凸型タイル，I 型タイル，O 型タイルという．

図 8.3 左から L 型，凸型，I 型，O 型タイル

問題 8.a 次の問に答えよ．
(1) 10×10 のマス目が I 型タイルで敷き詰め可能かどうかを考えよ．
(2) 10×10 のマス目が凸型タイルで敷き詰め可能かどうかを考えよ．
(3) 10×10 のマス目が L 型タイルで敷き詰め可能かどうかを考えよ．

これまでの問題では，具体的なマス目を与えて，指定されたタイルで敷き詰められるかどうかを問うていた．次の例題では，マス目の形を指定していないが，どのように攻略すればよいだろうか．

例題 8.3

ある図形が I 型タイルと O 型タイルで敷き詰められたとする．このとき，I 型タイルの1つを O 型タイルに交換して，その図形を敷き詰め直すことができるかを考えよ．

I 型タイルと O 型タイルはどちらも4マスを覆うので，全体のマスの数に矛盾はなく，敷き詰めができても不思議ではない．

また，例題 8.3 が扱う図形が $1 \times 4m$ のマス目であれば（$m \geq 1$），1 つの I 型タイルを O 型に交換して敷き詰め直すことはできない．したがって，例題 8.3 では，そのような交換が可能となる図形が存在するかを問うている．

【例題 8.3 の解答】　ある図形 R が m 枚の I 型タイルと n 枚の O 型タイルで敷き詰められたとする．ただし，$m \geq 1$ とする．その図形 R を図 8.4 のような色分けされたマス目の上に置く．

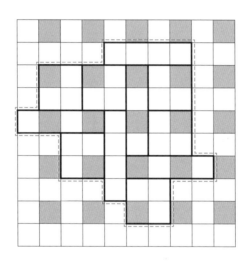

図 8.4　I 型タイルと O 型タイルで敷き詰められた領域

このとき，1 枚の I 型タイルはグレーのマスを 0 マスか 2 マス覆うが，1 枚の O 型タイルはグレーのマスをちょうど 1 マス覆うことがわかる．今，R に含まれるグレーのマスの数を k とおくと，k と n の偶奇は等しい．ところが，k と $n+1$ の偶奇は異なるので，1 つの I 型タイルを O 型タイルに置き換えることはできない．　□

8.2 マスを取り除く問題

この節では，マス目とタイルが指定されたとき，いくつかのマスを取り除いて，残りのマス目をタイルで敷き詰められるかという問題を考える．

例題 8.4

n を自然数とし，$2^n \times 2^n$ のマス目を考える．このマス目から任意の1マスを除くと，残りのマス目を 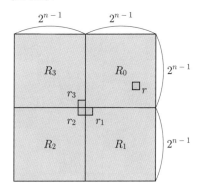 （短 L 型タイルという）で敷き詰められることを示せ．

【解答】 n に関する帰納法を用いる．$n = 1$ のとき，2×2 のマス目から任意の1マスを取り除くと，1つの短 L 型タイルで敷き詰められる．

今，$2^n \times 2^n$ のマス目を4つの $2^{n-1} \times 2^{n-1}$ のマス目に分割し，それぞれを R_0, R_1, R_2, R_3 とおく．このとき，対称性より，取り除くマス r は R_0 に含まれているとしてよい（図8.5）．

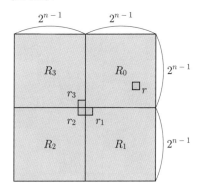

図 8.5 $2^n \times 2^n$ のマス目の短 L 型タイルによる敷き詰め

帰納法の仮定により，R_0 から r を取り除いたマス目は短 L 型タイルで敷き詰め可能である．また，$i = 1, 2, 3$ について，中心に接続する R_i のマスを r_i とすると，帰納法の仮定により，R_i から r_i を取り除いたマス目は短 L 型タイルで敷き詰め可能である．最後に，r_1, r_2, r_3 を合わせたマス目に短 L 型タイルを置いて，$2^n \times 2^n$ のマス目から r を取り除いたマス目の敷き詰めが完成する． $\square$

　この解答は，$2^n \times 2^n$ のマス目からどの 1 マスを取り除いたものが与えられたとしても，その短 L 型タイルでの敷き詰めを見つけるアルゴリズムを与えるものとなっている．実際に $n = 4$ のときを考えてほしい．

問題 8.b　16×16 のマス目から適当な 1 マスを取り除き，残りの短 L 型タイルでの敷き詰めを与えよ．

─ 例題 8.5 ─

　8×8 のマス目から 1 マスを取り除いて，1×3 のタイルで敷き詰めたい．どのマス目を除けばよいか答えよ．

　例えば，図 8.6 のように，8×8 のマス目を白，グレー，黒の 3 色で色分けしよう．このとき，白と黒は 21 マスだが，グレーは 22 マスである．1×3 のタイルをどのように置いても，各色のマスを 1 つずつ消費するため，取り除くべきマスの色はグレーであることがわかる．

図 8.6　8×8 のマス目の白，グレー，黒の 3 色による色分け

　したがって，グレーのどのマスを取り除けば，残りを 1×3 のタイルで敷き詰められるかを考えなくてはならない．

【例題 8.5 の解答】 図 8.6 の色分けを 90 度回転したものが図 8.7 左である. この色分けにおいても,取り除くべきマス目の色はグレーである. したがって,図 8.6 と図 8.7 左の 2 つの色分けにおいて,共通にグレーになっているマスが取り除くべきマスの候補である.

図 8.7 左のように,そのようなグレーのマスは 4 マスあるが,そのうちの 1 つを取り除けば,残りの部分は 1 × 3 のタイルマス目で敷き詰められることがわかる(図 8.7 右参照). したがって,対称性より,図 8.7 左の×印の 4 つのマスが答えである.

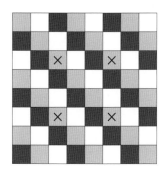 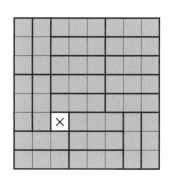

図 **8.7** 8 × 8 のマス目の 3 色による色分け

例題 8.5 の解答の前半では,残りのマス目が 1 × 3 のタイルで敷き詰められるため,取り除くべきマスがみたすべき条件(必要条件)を考察している. 一方,後半は,着目したマスを取り除いたとき,実際に残りのマス目が敷き詰められるか,すなわち,着目したマスが問題の要求をみたすか(十分条件)について確認している.

問題 8.c $m \times n$ のマス目を考える. ただし,m と n の少なくともどちらか一方は偶数であるとする. このとき,2 つのマス x と y を取り除いて,残りのマス目を 1 × 2 のタイルで敷き詰めたい. x と y のみたす条件を求めよ.

●●●●●●●●●●●●●●●●●●●● **演 習 問 題** ●●●●●●●●●●●●●●●●●●●●

演習 8.1 10 × 11 のマス目を，短 L 型タイルと S 型タイルで敷き詰められるだろうか（図 8.8 参照）．また，敷き詰められるとき，必要な短 L 型タイルの最小の枚数を求めよ．

演習 8.2 5 × 5 のマス目と 7 × 7 のマス目を，短 L 型タイルと S 型タイルで敷き詰められるだろうか（図 8.8 参照）．また，敷き詰められるとき，必要な S 型タイルの枚数はどうなるか．

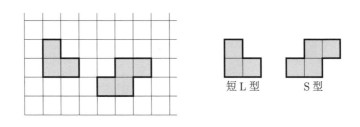

図 **8.8** マス目と短 L 型タイル，S 型タイル

第9章
鳩の巣原理とラムゼーの定理

　この章では，「ものの個数が十分に多くなると，どうしても避けられない構造が生じる」という議論を用いることにより解決できる問題を扱う．この主張は，存在証明のために役立つものであるが，通常の方法では難しそうな問題でも，エレガントな議論で解法を与えることができる．そのような面白さを味わってほしい．

9.1　鳩の巣原理

鳩の巣原理とは，3.2 節ですでに触れているように，

　「$(n+1)$ 羽の鳩が n 個の巣に戻ると，ある巣には鳩が 2 羽以上入る」

という命題である．鳩の巣原理を用いて解決できる標準的な問題を考えよう．

例題 9.1

　一辺の長さが 7 m の正方形型の畑に 50 本の木を植える．どのように植えても，距離が 1.5 m 以下になるような 2 つの木が存在することを示せ．

【解答】　一辺が 7 m の畑を 1 m × 1 m の正方形に分割すると，$7 \times 7 = 49$ 区画に分割される．どのように 50 本の木を植えても，ある区画には 2 本以上の木を植えることになる．この区画における 2 点の距離は高々，

$$\sqrt{1^2 + 1^2} = \sqrt{2} < 1.5 \,\text{m}$$

であるため，主張が成り立つ（図 9.1 参照）．

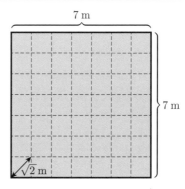

図 **9.1**　7 m × 7 m の畑

　例題 9.1 において，鳩は 50 本の木であり，鳩の巣は 49 個の区画である．鳩の巣原理を用いた証明においては，鳩と巣をうまく設定することがポイントとなる．例題 9.1 では「49 個の区画」が見えていないので，それを独自に設定することの難しさがある．

　また，この例題において，

　　「50 本の木を植えると距離が 1.5 m 以下になる 2 本の木が存在する」

ことが証明できたが，

　　「49 本しか植えないとそのような 2 本の木が存在しない」

と言っているわけではない．（そういう意味でも，必要条件と十分条件の区別は大切である．）

　簡単な問題を見てみよう．

問題 9.a　次の問題に答えよ．
(1)　教室に何人の生徒がいれば，誕生月が同じ生徒たちが必ずいるといえるか．
(2)　さいころを何回振れば，同じ目が必ず出るといえるか．

　整数に関する問題をいくつか紹介しよう．

例題 9.2

　7 つの相異なる自然数をどのように選んでも，ある 2 数は，その和または差が 10 の倍数となることを示せ．

【解答】　次のように 6 つの箱を準備する：

7 つの自然数を，その数の 1 の位の数が書かれている箱に入れていく．すると，箱は 6 つなので，鳩の巣原理より，ある箱には 2 つ以上の自然数が入る．同じ箱に入った 2 数は，その和または差が 10 の倍数になっている．　　　　　□

問題 9.b　6 つの相異なる自然数で，どの 2 数についても，和も差も 10 の倍数にならないようなものを構成せよ．

─ 例題 9.3 ─
　10 個の自然数をどのように並べても，和が 10 の倍数となる連続した部分列が存在することを示せ．また，この主張の「10」を一般化することを考えよ．

例えば，10 個の自然数を次のように並べてみよう．

$$6, 2, 5, 8, 1, 5, 2, 4, 2, 9$$

このとき，4 番目から 8 番目までの数の和が「$8 + 1 + 5 + 2 + 4 = 20$」であり，和が 10 の倍数となる連続した部分列が見つかった．

【例題 9.3 の解答】　一列に並べられた 10 個の自然数を，

$$a_1, \ a_2, \ a_3, \ a_4, \ a_5, \ a_6, \ a_7, \ a_8, \ a_9, \ a_{10}$$

とおく．また，

$$S_k = \sum_{i=1}^{k} a_i$$

とおく．ここで，$S_0 = 0$ とおくと，$S_0, S_1, \ldots, S_{10}$ は 11 個の自然数となる．鳩の巣原理より，ある $0 \le i < j \le 10$ に対し，S_i と S_j は 10 で割った余りが等しい．このとき，

$$a_{i+1} + \cdots + a_j = S_j - S_i$$

は 10 の倍数となる．

　また，上の解答で，自然数 $m \ge 2$ に対し，m で割った余りを考えれば，

　　「m 個の自然数をどのように並べても，和が m の倍数となる連続した部分列が存在する」

ことがわかる． □

問題 9.c　n 人の生徒が，円上に並べられた n 個の椅子の前にそれぞれ立っている．各生徒には自分の椅子があり，はじめはどの生徒も自分の椅子の前にはいない．このとき，生徒全員が順番を保ったままいくつかずれれば，自分の椅子が目の前にくる生徒が 2 人以上現れることを示せ（図 9.2 参照）．

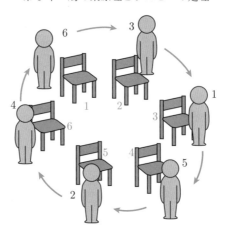

図 **9.2**　n 人の生徒と n 個の椅子

9.2　平均の考え方

　鳩の巣原理では，$(n+1)$ 羽の鳩が n 個の巣に戻る設定になっていたが，鳩がさらに多くなれば，巣で重複する鳩の数も大きくなるだろう．そのような現象を説明するものが，次の**一般化された鳩の巣原理**である．

> **定理 9.4**　（**一般化された鳩の巣原理**）　n, k を自然数とする．$(nk+1)$ 羽以上の鳩が n 個の巣に戻ると，ある巣には $(k+1)$ 羽以上の鳩が入る．

　上の主張において，$k=1$ の場合が鳩の巣原理であり，自然数 k の部分が一般化されているというわけである．少し考えにくい気もするが，次に述べる「平均の考え方」により容易に説明できる．

　$(nk+1)$ 羽以上の鳩が n 個の巣に戻ると，巣 1 つあたりの鳩の数の平均 d は，

$$d \geq \frac{nk+1}{n} = k + \frac{1}{n} > k$$

である．平均が k より真に大きいということは，どこかの巣に鳩が $(k+1)$ 羽以上入ることになり，一般化された鳩の巣原理の主張が成り立つ．この節では，平均の考え方を用いて，問題を解決する．

例題 9.5

5 つの自然数 $a_1, \ldots, a_5$ を考える. 今,

$$a_1 + a_2 + a_3 + a_4 + a_5 \geq 21$$

とするとき, $a_1, \ldots, a_5$ のうちの最大の数について何がいえるか.

【解答】 $a_1, \ldots, a_5$ の平均値 d を考えると,

$$d \geq \frac{21}{5} > 4$$

であるため, ある a_i について, $a_i \geq 5$ である. よって, 最大の数は 5 以上である. □

例題 9.5 で扱った考え方は, 例えば, 命題 5.18 や例題 7.7 など, 至る所で用いられている.

以下の例題を考えよう.

例題 9.6

円上に 1 から 10 までの 10 個の数を勝手に並べるとき, 隣り合う 3 数で, 和で 17 以上になるものが存在することを示せ.

【解答】 円上に並べられた数を順に $a_1, \ldots, a_{10}$ とおく (図 9.3 参照). 隣り合う 3 つの数の和 $s_i = a_{i-1} + a_i + a_{i+1}$ を考える. (ただし, $i = 1, \ldots, 10$ であ

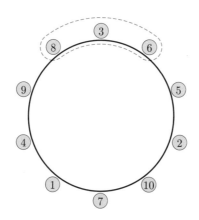

図 9.3 円上に並べられた 1 から 10 までの数

り，$a_0 = a_{10}, a_{11} = a_1$ とおく.）すると，どの数 a_i も s_{i-1}, s_i, s_{i+1} で加えられているため，

$$s_1 + s_2 + \cdots + s_{10} = 3(a_1 + a_2 + \cdots + a_{10}) = 3 \cdot 55 = 165$$

である．平均の考え方から，ある s_i について，

$$s_i \geq \frac{165}{10} = 16.5$$

であり，和が 17 以上の隣り合う 3 数が存在する．　　　　　　　□

　例題 9.6 の「17 以上」という評価はこれ以上よくできないだろうか．例えば，「隣り合う 3 数で，和が18 以上になるものが存在する」という事実は成り立たないだろうか．

　この疑問について，次が成り立つ．つまり，例題 9.6 の「17」は「18」に置き換えられる．

━━ 例題 9.7 ━━━━━━━━━━━━━━━━━━━━━━━━━

　円上に 1 から 10 までの 10 個の数を勝手に並べるとき，隣り合う 3 数で，和で18 以上になるものが存在することを示せ．

【解答】　図 9.4 のように，「1」を除いた 9 つの数を 3 つの隣り合う 3 数のグループ A, B, C に分割する．このとき，A の合計，B の合計，C の合計を加えると $55 - 1 = 54$ なので，平均の考え方より，A, B, C の合計のうち，一番大

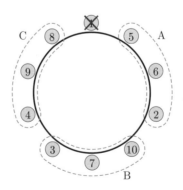

図 **9.4**　1 を取り除いて，グループ A, B, C を考える

きいものは $54 \div 3 = 18$ 以上である．したがって，隣り合う 3 数で和が 18 以上のものが存在する． □

さて，例題 9.7 の「18」をさらに「19」に置き換えられるかどうかを考えてみよう．例題 9.7 の解答のように，1 以外の 9 つの数をグループ A, B, C に分割すると，A の合計，B の合計，C の合計の平均値はちょうど 18 であるため，次のどちらか一方が起こる：

(1) A, B, C のうち，あるグループの合計が 19 以上になる．

(2) A, B, C のどのグループの合計もちょうど 18 になる．

ゆえに，隣り合う 3 数で和が 19 以上のものが存在しないならば，(2) の状況が起こっているはずである．これをヒントにして，次の問題を解いてみよう．（命題の否定から考えるとよい．）

問題 9.d 例題 9.7 の「18」を「19」に置き換えられないことを示せ．

例題 9.6 の「17」は，例題 9.7 により，「18」に置き換わることが示された．一方，問題 9.d の結論より，その値は「19」にはならないことが示され，例題 9.7 の評価が最良であることがわかった．

この問題は，例題 9.7 の証明が，問題 9.d における例の構成のための道筋を与えており，たいへん興味深い．

円上に 1 から 10 の 10 個の数を並べる問題を数学的に定式化してみると，次のようになる．

$N = \{1, \ldots, 10\}$ とおき，全単射 $f : N \to N$ を考える．このとき，$i = 1, \ldots, 10$ に対し，$x_i = f(i)$ とおき，

$$s_i = x_{i-1} + x_i + x_{i+1}$$

とおく．ただし，

$$x_0 = x_{10}, \quad x_{11} = x_1$$

とする．ここで，

$$M_f = \max\{s_i \mid i = 1, \ldots, 10\}$$

とおき，次の値

$$K = \min_f M_f$$

を求めよう.

つまり, N の全単射 f を固定して円順列を作り, そこから隣り合う 3 数の和 s_i の最大値 M_f を考える. そして, その後, f をすべての全単射で動かしたときの M_f の最小値 K を問題にしている. このように, 「個々の例の局所的な最大値が, 例全体を考えることにより, どれくらい小さくなるか」という組合せ的な量は, 離散数学においてしばしば登場し, 興味の対象となることが多い.

ラムゼー理論

9.3.1　ラムゼー数とラムゼーの定理

この項では, 鳩の巣原理を利用して示す「ラムゼーの定理」を扱う. まず, 次の例題から始めよう. どの辺も同色の色が与えられている部分グラフを, **単色**であるといい, 特に色が指定されているとき, **黒い部分グラフ**, **青い部分グラフ**のようにいう.

── 例題 9.8 ──

6 頂点完全グラフ K_6 の各辺を黒か青でどのように着色しても, 単色の三角形が存在することを示せ (図 9.5 参照). また, K_5 の辺の黒と青による着色で, 単色の三角形を持たないものが存在することを示せ.

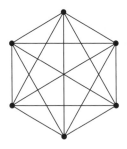 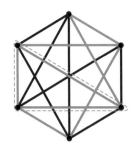

図 **9.5**　K_6 (左), その辺着色と単色の三角形 (右)

【解答】　K_6 の勝手な頂点 v を考えると，v に接続する 5 辺のうち，同色の辺が 3 本以上ある．これらを vx, vy, vz とおき，黒で着色されているとする（図 9.6 左参照）．もし，辺 xy, yz, xz のうちの一本でも黒であれば，例えば xz が黒とすると，黒い三角形 vxz が存在する（図 9.6 中央参照）．一方，xy, yz, xz のすべてが青であれば，青い三角形 xyz が存在する（図 9.6 右参照）．したがって，どのような着色においても単色の三角形が存在する．

　一方，K_5 の辺を図 9.7 のように黒と青で着色すると，単色の三角形は存在しないことがわかる．　　　　　　　　　　　　　　　　　　　　　　　　□

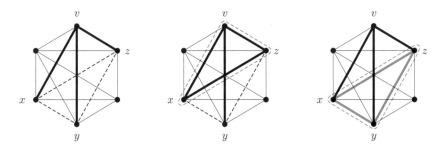

図 **9.6**　黒辺 vx, vy, vz（左），黒い三角形 vxz（中央），青い三角形 xyz（右）

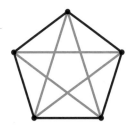

図 **9.7**　単色の三角形を持たない K_5 の辺の着色

　上では完全グラフ K_6 の辺着色による単色の三角形の有無を考察したが，それらはラムゼー（Ramsey）が示した定理の特別な場合になっている．次がラムゼーの定理と呼ばれるものである．

> **定理 9.9**　（ラムゼー）　自然数 k, c, m を考える．ただし，$k \leq m$ であるとする．このとき，次をみたす自然数 R が存在する：有限集合 X が $|X| \geq R$ をみたすとき，X の各 k 元部分集合を c 色でどのように着色しても，X のある m 元部分集合 X' が存在し，X' のどの k 元部分集合も同色である．

　定理 9.9 の意味を理解することはなかなか難しいと思うが，R の条件を数学用語を用いて述べると次のようになる．

> 有限集合 X が $|X| \geq R$ をみたすとき，任意の着色 $\phi : \binom{X}{k} \rightarrow \{1, \ldots, c\}$ に対し，X のある部分集合 $X' \subseteq X$ が存在し，$|X'| = m$ かつ $\binom{X'}{k}$ のすべての要素が ϕ において同色を受け取る．

　定理 9.9 の条件をみたす R の最小値を $R(k, c, m)$ と表し，自然数 k, c, m についての**ラムゼー数**という．

　例題 9.8 は $R(2, 2, 3) = 6$ であることを主張している．それは，$k = 2, c = 2, m = 3$ として定理 9.9 の用語を用いると，以下のように言い換えられる．

> $X = \{1, 2, 3, 4, 5, 6\}$ とおく．X の各 2 元部分集合を 2 色でどのように着色しても，ある 3 元部分集合 $X' \subseteq X$ で，X' のどの 2 元部分集合も同色のものが存在する．しかし，$X = \{1, 2, 3, 4, 5\}$ における $\binom{X}{2}$ の 2 色でのある着色では，そのような X' は存在しない．

　$X = \{1, 2, 3, 4, 5, 6\}$ について，$\binom{X}{2}$ の元を書き出してみると，

$$\{1, 2\}, \{1, 3\}, \{1, 4\}, \{1, 5\}, \{1, 6\},$$
$$\{2, 3\}, \{2, 4\}, \{2, 5\}, \{2, 6\},$$
$$\{3, 4\}, \{3, 5\}, \{3, 6\},$$
$$\{4, 5\}, \{4, 6\},$$
$$\{5, 6\}$$

であり，それらを 2 色で着色すると，例えば図 9.8 左のようになる．ここで，X の 2 元部分集合 $\{i, j\}$ の色を K_6 の辺 ij の色とみなすと，図 9.8 右となり，

例題 9.8 により，単色の三角形が存在する．この場合は，頂点 3, 5, 6 の三角形が青い三角形である．この単色の三角形の頂点の集合 $X' = \{3, 5, 6\}$ は，X の 3 元部分集合で，どの 2 元部分集合も青になっている．

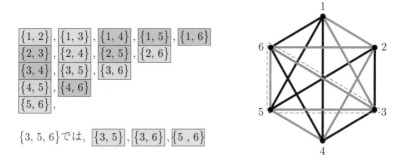

図 9.8　$\binom{X}{2}$ の色分けと K_6 の辺着色

定理 9.9 は，自然数 k, c, m を与えると，定理の主張をみたすラムゼー数 $R(k, c, m)$ が存在することを保証しているが，一般には，k, c, m を指定しても，$R(k, c, m)$ の値を求めることは難しい．実際に，ラムゼー数が判明している (k, c, m) の 3 つ組は非常に少ない．例えば，$R(2, 2, 4) = 18$ だが，2023 年 2 月現在では，$43 \leq R(2, 2, 5) \leq 48$ としか判明していない．

例題 9.8 やラムゼーの定理に関係した問題をいくつか出題しよう．

問題 9.e　例題 9.8 の設定において，単色の三角形が 2 つ以上存在することを示せ．

問題 9.f　K_5 の各辺を黒か青で着色したとき，単色の三角形がないとする．このとき，黒辺のみからなる部分グラフも青辺のみからなる部分グラフも，ともに長さ 5 の閉路となっていること（すなわち，図 9.7 の状況）を示せ．

9.3.2　ラムゼー数の下界

この項では，ラムゼー数がどれくらい大きいかを考えてみよう．これについては，面白い方法で下界が示されているが，一般には難しいので，完全グラフの辺着色に限定して次の定理を示そう．これはエルデシュ（Erdős）によって示された．

> **定理 9.10** 任意の自然数 $m \geq 2$ に対し，$R(2,2,m) \geq 2^{\frac{m}{2}}$ が成り立つ.

以下でこの定理を示すが，二項係数に関しての次の不等式を用いる．$n \geq m$ のとき，

$$\binom{n}{m} \leq \frac{n^m}{2^{m-1}} \tag{9.1}$$

である．これは簡単に示せるので，その証明は問題とする.

問題 9.g 不等式 (9.1) を示せ.

[**定理 9.10 の証明**] $m = 2$ のときは簡単に示せる．また，$m = 3$ のときは $R(2,2,3) = 6 \geq 2\sqrt{2} = 2^{\frac{3}{2}}$ より正しい（例題 9.8 参照）．したがって，$m \geq 4$ としてよい.

$n < 2^{\frac{m}{2}}$ のとき，次を示す.

> K_n の辺の黒と青によるある着色で，単色の K_m が存在しない.

K_n の n 頂点がラベル $1, 2, \ldots, n$ で区別されているとし，K_n の辺の黒と青による着色全体からなる集合を $\mathcal{G}_n$ とおく．K_n の辺数が $\binom{n}{2}$ なので，$|\mathcal{G}_n| = 2^{\binom{n}{2}}$ である.

K_n の n 頂点のうち，ある m 頂点を固定する．この m 頂点が黒い K_m であるような着色は，その m 頂点どうしを結ぶ $\binom{m}{2}$ 辺以外の色は黒でも青でも構わないため，$2^{\binom{n}{2} - \binom{m}{2}}$ 通り存在する．したがって，K_n の辺の黒と青による着色で，黒い K_m が存在するもの全体からなる集合を $\mathcal{G}_n^{\text{black}}$ とおくと，K_m の選び方が $\binom{n}{m}$ 通りで，その K_m が黒となる塗り方は $2^{\binom{n}{2} - \binom{m}{2}}$ 通りであるため，$|\mathcal{G}_n^{\text{black}}| \leq \binom{n}{m} \cdot 2^{\binom{n}{2} - \binom{m}{2}}$ である．（黒い K_m が複数個存在する着色もあるので，等号ではなく不等号である.）

ここで，上の不等式 (9.1) と $n < 2^{\frac{m}{2}}$ という仮定，および $m \geq 4$ より，

$$\frac{|\mathcal{G}_n^{\text{black}}|}{|\mathcal{G}_n|} \leq \binom{n}{m} \cdot 2^{-\binom{m}{2}} \leq \frac{n^m}{2^{m-1}} \, 2^{-\binom{m}{2}}$$
$$< 2^{\frac{m^2}{2} - \binom{m}{2} - m + 1} = 2^{-\frac{m}{2} + 1} \leq \frac{1}{2}$$

である.

同様に，K_n の辺の黒と青による着色で，青い K_m が存在するもの全体からなる集合を $\mathcal{G}_n^{\mathrm{blue}}$ とおくと，

$$\frac{|\mathcal{G}_n^{\mathrm{blue}}|}{|\mathcal{G}_n|} < \frac{1}{2}$$

が成り立つ．以上より，$\mathcal{G}_n - \left(\mathcal{G}_n^{\mathrm{black}} \cup \mathcal{G}_n^{\mathrm{blue}}\right) \neq \varnothing$ が導かれ，すなわち，ある着色で黒い K_m も青い K_m も存在しないことがわかり，証明が完了した．　□

　上の証明の途中では，$\frac{|\mathcal{G}_n^{\mathrm{black}}|}{|\mathcal{G}_n|} < \frac{1}{2}$ であることを示しているが，これは，K_n の辺の黒と青による着色からランダムに 1 つ選んだとき，黒い K_m が存在するものの確率が $\frac{1}{2}$ 未満であることを意味している．そのため，この証明で用いられたアイデアは，**確率的手法**と呼ばれている．

　定理 9.10 により，$n < 2^{\frac{m}{2}}$ のとき，K_n の辺の黒と青による着色で，単色の K_m を持たないものが存在することはわかる．その一方で，上の証明はそれがどのような着色かは何も述べておらず，単に存在することしかわからない．このように，実際のものを明らかにせずに存在性のみを示す証明は，**構成的ではない証明**といわれることがある．どのようなものかわからずとも，存在することだけは示せることが面白いと思う．

9.3.3　増加列と減少列の定理

　この章の最後に，ラムゼーの定理より得られる，次の主張を考えよう．

例題 9.11

　十分に多くの相異なる数をどのように一列に並べても，20 項からなる増加部分列か，20 項からなる減少部分列のどちらかは存在することを示せ．

【解答】 $N = R(2,2,20)$ とし，N 個の数字を $a_1, a_2, \ldots, a_N$ と並べたとしよう．有限集合 $X = \{a_1, a_2, \ldots, a_N\}$ に対し，X の 2 元部分集合 $\{a_i, a_j\}$（$i < j$）を，$a_i < a_j$ のとき黒，$a_i > a_j$ のとき青で塗ろう．このとき，$R(2,2,20)$ の定義により，X のある 20 元部分集合 X' が存在し，X' のどの 2 元部分集合も同色である．ここで，X' の 2 元部分集合の色が黒ならば，X' の要素が 20 項からなる増加部分列であるし，青ならば X' の要素が 20 項からなる減少部分列である．　□

　上の議論より，$R(2,2,20)$ 個の数字がどのように一列に並んでいても，20 項からなる増加部分列か，20 項からなる減少部分列のどちらかは存在する．非自明で面白い性質だが，一方で，定理 9.10 により，

$$R(2,2,20) \geq 2^{10} = 1024$$

である．20 項からなる増加部分列か，20 項からなる減少部分列のどちらかの存在を保証するために，1024 個以上もの数を用意する必要があるだろうか．これについては，次のエルデシュ–セケレス（Szekeres）の定理が知られており，362 個の数字で十分であることがわかる．

> **定理 9.12**　任意の自然数 k に対し，$((k-1)^2 + 1)$ 個の相異なる数をどのように一列に並べても，
>
> 　　　k 項からなる増加部分列　　または　　k 項からなる減少部分列
>
> のどちらかが存在する．

　エルディシュ–セケレスの定理は，鳩の巣原理を巧妙に利用して証明できる．思いつくことは難しいが，ヒントをつけるので問題としよう．

　また，エルディシュ–セケレスの定理の $(k-1)^2 + 1$ という個数は，驚くべきことに最善である．$k = 4$ の場合にそれを示すことも問題とする．

問題 9.h　自然数 N, k に対し，N 個の相異なる数を $a_1, a_2, \ldots, a_N$ と並べたとき，k 項からなる増加部分列も，k 項からなる減少部分列も存在しないと仮定する．

(1)　各項 a_i に対し，a_i で終わる最長の増加部分列の項数を x_i，a_i で終わる最長の減少部分列の項数を y_i とする．例えば，$3, 5, 2, 1, 6, 4$ と並べたとき，

$$(x_1, y_1) = (1,1), \quad (x_2, y_2) = (2,1), \quad (x_3, y_3) = (1,2),$$
$$(x_4, y_4) = (1,3), \quad (x_5, y_5) = (3,1), \quad (x_6, y_6) = (2,2)$$

　　であることがわかる．$1 \leq i \leq N$ に対し，組 (x_i, y_i) は何通りの可能性があるだろうか．

(2)　$N = (k-1)^2 + 1$ のとき，(1) を用いて矛盾が起こることを示せ．

問題 9.i　$1, 2, \ldots, 9$ の並べ方で，4 項からなる増加部分列も，4 項からなる減少部分列のどちらも存在しないものの例を 1 つ示せ．

演習 9.1　座標平面上でどのように 5 つの格子点 p_1, p_2, p_3, p_4, p_5 を選んでも，ある i, j に対し，直線分 $p_i p_j$ はその端点 p_i, p_j 以外の格子点を含むことを証明せよ．

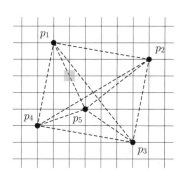

図 **9.9**　座標平面上の 5 つの格子点

演習 9.2　1 から 1000 までの整数と，次の条件

$$(*)\ \lceil どの 2 数 i, j\ (i < j) についても，j が i で割り切れない \rfloor$$

を考える．このとき，次の問題に答えよ．

(1)　$(*)$ が成り立つように，500 個の数を選べ．

(2)　どのように 501 個以上の数を選んでも，$(*)$ は成り立たないことを示せ．

ヒント：どんな自然数 n も，ある非負整数 m, k を用いて，

$$n = 2^m (2k + 1)$$

と一意的に表せる．

演習 9.3　K_{17} の各辺を 3 色で着色すると，単色の三角形が存在することを示せ．

演習 9.4　K_9 の辺を黒か青で着色すると，黒い三角形か青い K_4 のどちらかが存在することを示せ．

第10章

組合せゲーム

　　将棋や囲碁のように 2 人で対戦するある種のゲームの必勝法は，構造の対称性など離散数学のアイデアによって記述できることがある．また，一見そのような簡単な記述ができないようなゲームでも，論理的な考察により必勝法が考えられる．本章ではそのようなゲームの必勝法について学習する．

10.1 組合せゲームとは

　　ゲームにもさまざまな種類があるが，ここでは 2 人で対戦する，将棋や囲碁のようなゲームだけを考えることにしよう．特に，次の 3 つの条件をみたすようなゲームを，ここでは**組合せゲーム**と呼ぶ．（組合せゲームの定義は，場合によって変わるので注意してほしい．）

- 2 人対戦のゲームである．
- 全情報がプレーヤーに見える．（この性質は**完全情報**と呼ばれる．）
- ランダム要素がない．（この性質は**確定**と呼ばれる．）

例えば，UNO や 2 人麻雀は完全情報でも確定でもないので，組合せゲームとは呼ばない．サイコロを振るバックギャモンや双六などは，完全情報ではあるが確定ではないので，やはり組合せゲームではない．一方で，囲碁や将棋，オセロや，3 × 3 のマスに○×を交互に入れて一列同じ記号がそろった方が勝ちとなる○×ゲームなどは組合せゲームである．また，2 人で行う大富豪で，52 枚すべてのカードを配った後の状況を考えよう．すでにカードを配っているので，ランダム要素がなく確定であり，また，2 人で行うため，相手の手札が自分の手札の補集合としてわかるので完全情報でもある．したがって，カードを配った後の 2 人大富豪は組合せゲームである．

　　本章ではいくつかの組合せゲームとその必勝法を紹介するが，ぜひ必勝法を

見る前に誰かと対戦して考えてほしい．なお，組合せゲームの**必勝法**とは，「相手のどのような手段に対しても，それに応じてこちらが適切に対応すれば必ず勝てる」ことを意味する．

　その必勝法は，構造の対称性など離散数学の考え方によって記述できることがあり，また，そうでなくとも理詰めで必勝法を考えることが可能である．組合せゲームとその必勝法を研究する分野は「組合せゲーム理論」と呼ばれ，離散数学の一分野として研究が進んでいる．本章では，その一部を紹介しよう．

10.2 対称性で勝てるゲーム

　まず次のゲームを考えよう．

> **ゲーム 10.1**　6個の石のかたまりが2つある．2人が交互に，1つのかたまりから1個以上好きなだけ石を取り除くことにする．ただし，2つのかたまりの両方から同時に石を取り除くことは禁止する．最後の石を取り除いた人の勝ちである．

　ゲーム 10.1 では，真似をすることで後手が勝てる．例えば，先手が左のかたまりから石を1つ取ったとしよう．そのときは，後手が右のかたまりから石を1つ取る．先手が右のかたまりから石を2つ取るならば，後手は左のかたまりから石を2つ取るという具合である．このようにゲームを進めると，後手は自分の手番の後に，

「2つのかたまりの石の数が同じ」

という状態を保つことができる（図 10.1 参照）．両方のかたまりが0個という同じ数になったときがゲームの終了なので，後手が最後に石を取ることになる．つまり，後手がゲームに勝てることになる．

　このゲームは，後手が先手の真似をすることで勝てるゲームである．

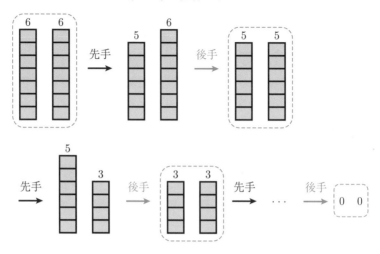

図 10.1 ゲーム 10.1 の進め方と後手の必勝法

問題 10.a 図 10.2 にあるように，6 × 7 のマス目の左下にコマがあり，このコマは一度に上か右へ何マスでも移動ができる．このコマを 2 人が交互に動かして，右上の勝のマスに移動させた方が勝ちとする．先手と後手のどちらが勝つだろうか．また，ゲーム 10.1 との関係を議論せよ．

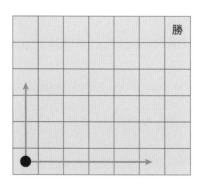

図 10.2 コマを動かすゲーム

もう1つ別のゲームを見てみよう.

> **ゲーム 10.2** 9×9のマス目に,交互にコマを置く.ただし,新しいコマは,すでに置かれているコマと隣接するように置くことはできない.(斜めでの隣接も禁止する.) コマを置けなくなった方が負けとする.

図 10.3 左は,①,②,③の順番でコマを置いた図であり,×のマスは置かれたコマに隣接しているので,そこに新しいコマは置けない.

このゲームも真似をすることで先手の必勝法が得られるが,少し工夫が必要である.まず,先手は中央にコマを置こう.後は,後手が置いたマスと点対称のマスに先手が置けばよい.例えば,図 10.3 右では,後手が②に置いたならば,先手はその点対称の位置の③にコマを置くという具合である.そのようにゲームを進めると,先手がコマを置いた後はコマの配置が点対称になるので,後手がコマを置いた後で先手はその点対称の位置に必ずコマを置くことができる.つまり,先手の負けはなく,先手の必勝法になっている.

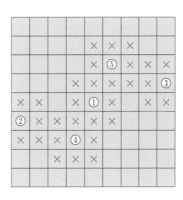

図 10.3 コマを配置するゲームと点対称に置く戦略

問題 10.b 8 × 8 のマス目に，交互にコマを置く．ただし，新しいコマは，すでに置かれているコマの斜めのラインのマスには置くことはできない．コマを置けなくなった方が負けであるとする．図 10.4 左では，新しいコマを置くことができないマスに × をつけている．

(1) このゲームでは，図 10.4 右のような点対称の位置に置くという後手の戦略は必勝法ではない．その理由を述べよ．

(2) このゲームは先手と後手のどちらに必勝法があるか．

(3) このゲームを 9 × 9 のマス目で行うとどうなるか．

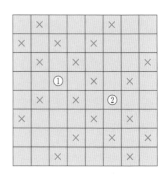

図 **10.4** コマを配置する別のゲームと点対称に置く戦略

10.3 石取りゲーム

ゲーム 10.1 は，石のかたまりが 2 つある場合のゲームであったが，一般にたくさんのかたまりがある場合のゲームを考えよう．まずは，3 つのかたまりの場合から考える．

> **ゲーム 10.3** 石のかたまりが 3 つある．2 人が交互に，石のかたまりを 1 つ選び，そこから 1 個以上好きなだけ石を取り除く．ただし，2 つ以上のかたまりから同時に石を取り除くことは禁止する．最後の石を取り除いた人の勝ちである．

これは，ニムゲームという名前で知られている．これについては，2 進数を利用した戦略が知られているので，それを述べよう．

それぞれのかたまりにある石の個数を 2 進数で表記し，その値の和をとろう．ただし，和は各桁ごとに考えて，繰上りはしないことにする．例えば，3 つの石のかたまりに，それぞれ 2 個，6 個，8 個の石があるとすると，2 を 2 進数表記して $10_{(2)}$，6 を 2 進数表記して $110_{(2)}$，8 を 2 進数表記して $1000_{(2)}$ であり，それらの和を取ると，

$$
\begin{array}{rcrrrr}
2 & = & & & 1 & 0_{(2)} \\
6 & = & & 1 & 1 & 0_{(2)} \\
+\ 8 & = & 1 & 0 & 0 & 0_{(2)} \\
\hline
& & 1 & 1 & 0 & 0_{(2)}
\end{array}
$$

となる．繰上りを考えないので，$10000_{(2)}$ ではないことに注意してほしい．

この和が $0_{(2)}$ となるとき，**ゼロ和**ということにしよう．つまり，2, 6, 8 という 3 つのかたまりのときはゼロ和ではない．

先手は，どこかのかたまりからいくつかの石を取り除き，ゼロ和を目指すことにする．この場合は，8 個の石のかたまりを 4 個に減らすと，

$$
\begin{array}{rcrrr}
2 & = & & 1 & 0_{(2)} \\
6 & = & 1 & 1 & 0_{(2)} \\
+\ 4 & = & 1 & 0 & 0_{(2)} \\
\hline
& & 0 & 0 & 0_{(2)}
\end{array}
$$

より，ゼロ和となる（図 10.5 参照）．

今度は後手が石を取るが，例えば，6 個の石のかたまりから 3 個の石を取って，3 個にしたとしよう．このとき，和は，

$$
\begin{array}{rcrrr}
2 & = & & 1 & 0_{(2)} \\
3 & = & & 1 & 1_{(2)} \\
+\ 4 & = & 1 & 0 & 0_{(2)} \\
\hline
& & 1 & 0 & 1_{(2)}
\end{array}
$$

で，ゼロ和ではなくなる．これに対し，先手はふたたびゼロ和となるように石をとろう．今回は，4 個の石のかたまりを 1 個にすれば，

$$
\begin{array}{rcll}
2 & = & 1 & 0_{(2)} \\
3 & = & 1 & 1_{(2)} \\
+ \quad 1 & = & & 1_{(2)} \\
\hline
& & 0 & 0_{(2)}
\end{array}
$$

でゼロ和となる（図 10.6 参照）.

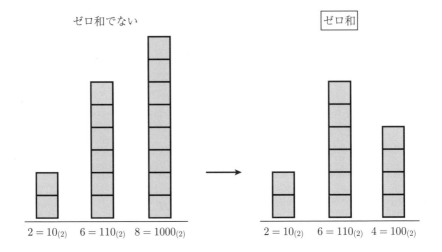

図 10.5　2 個，6 個，8 個の石を，2 個，6 個，4 個にする.

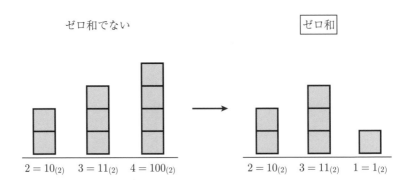

図 10.6　2 個，3 個，4 個の石を，2 個，3 個，1 個にする.

以下，これを繰り返そう．つまり，先手は常にゼロ和にするように石を取り除くことにする．途中で石のかたまりが減ってゲーム 10.1 と同じ状況になるが，構わずにゼロ和を目指そう．図 10.7 では，この方法で先手が勝てている．

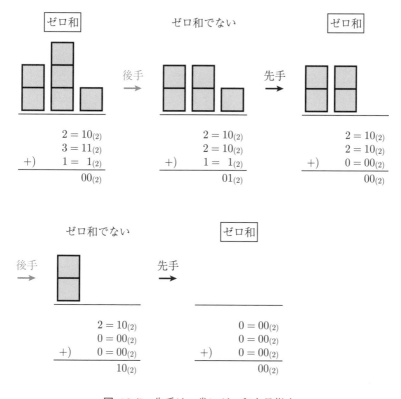

図 10.7 先手は，常にゼロ和を目指す．

問題 10.c ゲーム 10.3 において石のかたまりが 2 つのとき，（つまり，ゲーム 10.1 と同じ状況のとき）ゼロ和を目指す方法と真似をする方法が同じであることを確認せよ．

では，上のようにゼロ和を考えることでなぜ勝てるかを述べたい．それには，ゼロ和が以下の性質をみたすことが重要となっている．

補題 10.4　以下の 2 つが成り立つ.

(1)　ゼロ和でないどのような状況でも，石をうまく取り除くことでゼロ和にすることができる．

(2)　ゼロ和の状況から，どのように石を取り除いてもゼロ和にならない．

補題 10.4 が示せれば，必勝法を考えることはそれほど難しくない．石のかたまりが 2 つであるゲーム 10.1 では，

　　　　　「2 つのかたまりの石の数が同じ」という状態を保つ

ことで，勝てるゲームであった．石のかたまりが 3 つのときは，「石の数が同じ」ではなく，

　　　　　　　「ゼロ和である」という状況を保つ

ようにすればよい．自分の手番でゼロ和でなければ，補題 10.4(1) よりゼロ和にすることができる．相手の手番では，補題 10.4(2) より，ゼロ和でない状態にするしかない．それを受けて，自分がまたゼロ和にできる．「石がすべてなくなった状態」はゼロ和なので，これを繰り返せば自分が勝てる．

ゼロ和を考える方法は，それぞれのかたまりの石の数が変わっても，さらにかたまりの数が 4 つ以上であっても適用できることが知られている．まとめると，次が成り立つことがわかる．

定理 10.5　ゲーム 10.3 において，最初の状態がゼロ和でなければ，まずゼロ和にし「ゼロ和である」という状況を保つことで先手が勝てる．最初の状態がゼロ和であれば，同じ方法で後手が勝てる．

問題 10.d　4 つの石のかたまりが，それぞれ 11 個，12 個，13 個，15 個の石を持つとき，先手はどのように石を取れば勝てるだろうか？

問題 10.e　補題 10.4 を示せ．

10.4 逆算することで勝てるゲーム

前節までで，対称性やゼロ和に注目することで必勝法がわかる組合せゲームについて述べたが，すべての組合せゲームが，それほどきれいな必勝法を持つとは限らない．しかし，次で述べるように，勝ちの局面から逆算する方法を用いると，どのような組合せゲームでも，引き分けがなければ先手か後手の必勝法を見つけることができる．

例えば，次の組合せゲームを考えよう．

> **ゲーム 10.6** 図 10.8(1) にあるように，4 × 4 のマス目の左下にコマがあり，このコマは一度に上か，右か，右上に 1 マスだけ移動ができる．このコマを 2 人が交互に動かして，右上の勝のマスに移動させた方が勝ちである．

このゲームを，勝ちの局面から逆算することで必勝法を探そう．まず，右上のマスに移動できたら勝ちなので，そこに移動したいというという意味で，図10.8(2) のようにそのマスに○を書こう．この○は「移動したら勝ちが確定するマス」を意味している．

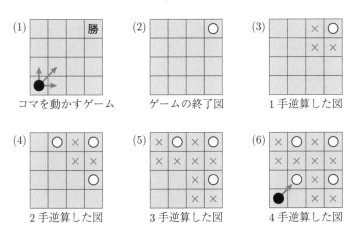

図 **10.8** コマを移動するゲームと，その逆算での必勝法の発見

　その○に隣接するマスは，もし自分がそこにコマを移動させると，相手が勝ちのマスへ移動できてしまうマスである．そのため，そこには移動したくないので，図 10.8(3) ではその 3 マスに×を書いている．×は「移動したら負けが確定するマス」である．

　次は，図 10.8(4) で新しく○を書いた 2 つのマスを考える．もし自分がそのどちらかにコマを移動できたならば，相手は次に強制的に×のどこかに移動することになり，上で述べたように自分が勝ちになる．

　これを繰り返そう．図 10.8(5) で新しく×を書いた 6 つのマスは，自分がそこにコマを移動させると相手に○に移動されるため，自分が負けてしまう．そのため，×を書いている．また，図 10.8(6) の新しい○のマスは，×に強制的に移動させられるため，自分が移動したいマスである．これで，最初にその○のマスに移動させることで，上の議論から先手が勝てることがわかった．したがって，ゲーム 10.6 は先手必勝である．

　上で述べた，必勝法を求める方法をまとめておこう．

- まず，最終的に勝ちのマスを○とする．
- マス A に新しく○が書かれたとき，A には自分が移動したいので，相手には A に移動できるマスに移動してほしい．そのようなマスはいくつかあるかもしれないが，そのすべてに新しく×を書く．
- 新しく×が書かれたとき，×に強制的に移動させられてしまうマスは，自分が移動したいマスである．そのようなマスには新しく○を書く．

　これは，最後の勝ちの局面から逆算をして勝てる手を探していることに相当する．今はコマを動かすゲームで述べたが，同様の考え方はすべての組合せゲームに適用することができるので，ぜひ考えてみてほしい．ただし，これについては非常にたいへんな手間がかかるかもしれない．

問題 10.f 5 × 6 のマス目の左下にコマがあり，このコマは一度に上か右か右上に何マスでも移動できる．このコマを 2 人が交互に動かして，右上の勝のマスに移動させた方が勝ちというゲームを行う．ただし，図 10.9 にあるように，中央に 1 × 2 の長方形の穴があり，そのマスにはコマを移動することも通過することもできない．先手と後手のどちらが勝つだろうか．

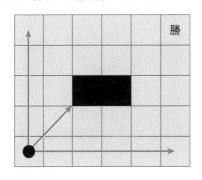

図 **10.9** 問題 10.f のゲーム

問題 10.g 1 から始め，2 人が交互に 2〜9 の好きな整数をかけていく．例えば，先手が 9 をかけると $1 \times 9 = 9$，次に後手が 4 をかけると $9 \times 4 = 36$，その次に先手が 3 をかけると $36 \times 3 = 108$, $\cdots$ のようにゲームが進行する．計算の結果が最初に 1000 を超えた人が勝ちとすると，先手と後手のどちらが勝つだろうか．

10.5 勝ちでも勝ち方がわからないゲーム

　組合せゲームの章の最後に，勝てることが論理的に示せるが，具体的な勝つ方法がわからないゲームを紹介しよう．次が，そのようなゲームの一例であり，**チョンプ**と呼ばれている．

　ゲーム 10.7 長方形状に並んだマス目からはじめて，2 人が次の操作を交互に行う．

　残っているマスから 1 つ選び，その右と下のすべてのマスを取り除く

そして，一番左上のマスを取り除いた方が負けである．

　このゲームはもともと，マス目に分かれたチョコレートの左上のマスが毒入りという設定で考えられていた．そのため，他のゲームと異なり，最後のマスを取り除いた方が負けとなっている．なお，最後のマスを取り除いた方が勝ちならば，先手は最初に左上のマスを選んですべてを取り除けばよいので，非常

につまらないゲームになる.

　このゲームは先手と後手のどちらが勝つだろうか. 例えば, 図 10.10 は 3 × 3 のマス目から始めた場合のゲームの進行の一例である. それぞれが選んだマスを○で示している.

図 **10.10** チョンプの進行例

　このゲームが先手必勝であることを示そう. 以下で述べるように, 先手は, "望むならば"後手の戦略が使えるということが大きな理由である.

　先手は, 長方形がどのような大きさであったとしても, まず右下を選び, そのままゲームを進めることにする. 長方形の大きさによっては, 先手がそのまま勝てるが, そのときは特に問題がない. そこで, ここでは後手が勝てるような大きさの場合を考える. つまり, 先手が右下のマスを選んだとき, 後手は何らかの手段によってゲームに勝てる. その手段を (∗) と名付けることにする. その場合は, 先手が最初に右下を選んだことが原因で後手の手段 (∗) によって負けてしまったが, その代わりに, 先手が最初に手段 (∗) を使うことで, 先手が勝てるはずである.

　図 10.11 は, その様子を表したものである. 3 × 3 のマスの場合は, もし先手が右下を選ぶとすると, 後手は中央のマスを選ぶという手段 (∗) で, 図 10.11 上のように勝つことになる. (この後で後手が勝てることは, 後で問題とする.) そのため, 先手は初手で右下を選ぶのではなく, 図 10.11 下のように中央のマスを選ぶという手段 (∗) を先に使うべきである.

　ここで示したように, チョンプはどの長方形からはじめても先手が勝てることはわかるが, 具体的にどのマスを選べば勝てるだろうか. 例えば, 100 × 101 の長方形の場合は, 先手は最初にどのマスを選ぶべきだろうか. それを見つけるのは非常に難しい問題である. チョンプは, 先手が勝てることは示せるが, どう勝つかは完全には判明していない組合せゲームである.

　このように, 具体的な勝ち方を見つけることは一般には難しいが, いくつか

先手が右下を選ぶ

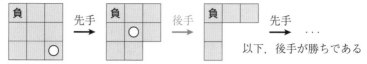

以下，後手が勝ちである

先手は後手の打てる手を選ぶことができる

以下，先手が勝ちである

図 10.11　チョンプの必勝法

の特別な場合は比較的簡単に必勝法を見つけることができるので，それを問題として紹介しておこう．

問題 10.h　次の問いに答えよ．

(1)　図 10.12(1) において，次にマスを選ぶ人が勝てないことを示せ．

(2)　$n \geq 2$ に対し，$n \times n$ の正方形のチョンプ（図 10.12(2)）で先手の必勝法を述べよ．

(3)　$n \geq 2$ に対し，$2 \times n$ の長方形のチョンプ（図 10.12(3)）で先手の必勝法を述べよ．

(4)　3×4 の長方形のチョンプ（図 10.12(4)）で先手の必勝法を述べよ．

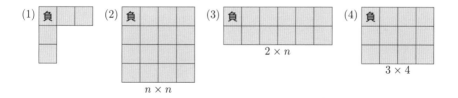

図 10.12　問題 10.h の図

付　録
恒等式や集合の法則

A.1　便利な恒真式一覧

　ここで紹介する恒真式は，どれも真理値表を用いれば証明できる．ここでは P, Q, R を命題とし，T を真の命題，F を偽の命題とする．（T は真の命題ならばどんなものでもよく，$1 = 1$ などを考えると理解しやすいかもしれない．同様に F は偽の命題ならば何でもよい．）

冪等法則：	$P \vee P \Leftrightarrow P$	
	$P \wedge P \Leftrightarrow P$	
交換法則：	$P \vee Q \Leftrightarrow Q \vee P$	
	$P \wedge Q \Leftrightarrow Q \wedge P$	
結合法則：	$(P \vee Q) \vee R \Leftrightarrow P \vee (Q \vee R)$	
	$(P \wedge Q) \wedge R \Leftrightarrow P \wedge (Q \wedge R)$	
分配法則：	$P \wedge (Q \vee R) \Leftrightarrow (P \wedge Q) \vee (P \wedge R)$	
	$P \vee (Q \wedge R) \Leftrightarrow (P \vee Q) \wedge (P \vee R)$	
排中法則：	$P \vee \neg P \Leftrightarrow T$	
	$P \wedge \neg P \Leftrightarrow F$	(A.1)
	$P \vee T \Leftrightarrow T$	(A.2)
	$P \wedge F \Leftrightarrow F$	(A.3)
吸収法則：	$P \vee F \Leftrightarrow P$	
	$P \wedge T \Leftrightarrow P$	
二重否定：	$\neg(\neg P) \Leftrightarrow P$	
ド・モルガンの法則：	$\neg(P \vee Q) \Leftrightarrow \neg P \wedge \neg Q$	
	$\neg(P \wedge Q) \Leftrightarrow \neg P \vee \neg Q$	
含意の言い換え：	$P \rightarrow Q \Leftrightarrow \neg P \vee Q$	
同値の言い換え：	$P \leftrightarrow Q \Leftrightarrow (P \rightarrow Q) \wedge (Q \rightarrow P)$	

対偶の法則：	$P \to Q \Leftrightarrow \neg Q \to \neg P$	
含意の否定：	$\neg(P \to Q) \Leftrightarrow P \wedge \neg Q$	
三段論法：	$(P \to Q) \wedge (Q \to R) \Rightarrow P \to R$	
	$(P \to Q) \wedge P \Rightarrow Q$	(A.4)
	$P \wedge Q \Rightarrow P$	(A.5)
	$P \Rightarrow P \vee Q$	(A.6)

A.2 便利な集合の法則一覧

論理の恒真式と同様に，集合の法則を紹介する．第2章で何度も述べたように，集合の各種性質は論理で記述できる．そのため，ここで紹介する集合の演算法則は，類似のものが論理の恒真式で見つかるだろう．以下では A, B, C を集合とする．

冪等法則：	$A \cup A = A$
	$A \cap A = A$
交換法則：	$A \cup B = B \cup A$
	$A \cap B = B \cap A$
結合法則：	$(A \cup B) \cup C = A \cup (B \cup C)$
	$(A \cap B) \cap C = A \cap (B \cap C)$
分配法則：	$A \cup (B \cap C) = (A \cup B) \cap (A \cup C)$
	$A \cap (B \cup C) = (A \cap B) \cup (A \cap C)$
ド・モルガンの法則：	$\overline{A \cap B} = \overline{A} \cup \overline{B}$
	$\overline{A \cup B} = \overline{A} \cap \overline{B}$

さらに，以下のような等式も成り立つ．ここでは，A を集合，U を全体集合とする．

$$A \cup \overline{A} = U, \quad A \cup U = U, \quad A \cup \varnothing = A,$$
$$A \cap \overline{A} = \varnothing, \quad A \cap U = A, \quad A \cap \varnothing = \varnothing$$

問 題 の 解 答

● 第1章

問題 **1.a.**　(1)　命題ではない．　(2)　偽の命題．　(3)　真の命題．

問題 **1.b.**　(B) は (A) の裏，(C) は (A) の対偶である．(B) でも (C) でもないもの
は (A) の逆で，「成るならば為している（成功するならば行動している）」．

なお，(C) は (A) の対偶なので，論理的に見れば (C) は冗長である．しばしば (C)
は省略されて (A) と (B) だけが言われるが，上のことより，この省略は論理的には正
しい．

問題 **1.c.**

(1)

P	Q	$\neg Q$	$P \wedge Q$	$\neg Q \leftrightarrow (P \wedge Q)$
T	T	F	T	F
T	F	T	F	F
F	T	F	F	T
F	F	T	F	F

(2)

P	Q	R	$P \vee Q$	$\neg R$	$P \wedge \neg R$	$(P \vee Q) \to (P \wedge \neg R)$
T	T	T	T	F	F	F
T	T	F	T	T	T	T
T	F	T	T	F	F	F
T	F	F	T	T	T	T
F	T	T	T	F	F	F
F	T	F	T	T	F	F
F	F	T	F	F	F	T
F	F	F	F	T	F	T

問題 **1.d.**

P	Q	$P \to Q$	$\neg P$	$\neg P \vee Q$	$(P \to Q) \leftrightarrow (\neg P \vee Q)$
T	T	T	F	T	T
T	F	F	F	F	T
F	T	T	T	T	T
F	F	T	T	T	T

問題 **1.e.**

(1)　$(P \to Q) \wedge (P \to R)$　$\Leftrightarrow$　$(\neg P \vee Q) \wedge (\neg P \vee R)$　（含意の言い換え）

$\Leftrightarrow$　$\neg P \vee (Q \wedge R)$　（分配法則）

$\Leftrightarrow$　$P \to (Q \wedge R)$　（含意の言い換え）

(2)　$(P \lor Q) \land \neg P$　$\Leftrightarrow$　$(P \land \neg P) \lor (Q \land \neg P)$　（分配法則）

　　　　　　　　　$\Leftrightarrow$　$F \lor (Q \land \neg P)$　　　　（法則 (A.1)）

　　　　　　　　　$\Leftrightarrow$　$Q \land \neg P$　　　　　　　（吸収法則）

　　　　　　　　　$\Leftrightarrow$　$\neg P \land Q$　　　　　　　（交換法則）

　問題 1.f.　(1)　$\exists n \in \mathbb{N}, 2n^2 - n - 1 = 0.$　$n = 1$ が解なので真の命題である.

(2)　$\forall n \in \mathbb{N}, (n^2 + 2n$ は 3 で割り切れる$).$　$\forall n \in \mathbb{N}, \exists m \in \mathbb{N}, n^2 + 2n = 3m$ のように書くこともできる. 偽の命題で, $n = 2$ などが反例である.

　問題 1.g.　(1)　$\forall n \in \mathbb{N}, \exists m \in \mathbb{N}, (n + m$ は偶数$).$　真の命題.

(2)　$\exists n \in \mathbb{N}, \forall m \in \mathbb{N}, (n + m$ は偶数$).$　偽の命題.

否定は $\forall n \in \mathbb{N}, \exists m \in \mathbb{N}, (n + m$ は奇数$).$

(3)　$\forall r \in \mathbb{R}, \exists t \in \mathbb{R}, rt = 1.$　偽の命題.

否定は $\exists r \in \mathbb{R}, \forall t \in \mathbb{R}, rt \neq 1.$　否定は $r = 0$ を考えれば真とわかる.

第 1 章の演習問題

　演習 1.1.　$\neg Q \to (P \land Q)$　$\Leftrightarrow$　$\neg(\neg Q) \lor (P \land Q)$　（含意の言い換え）

　　　　　　　　　　　　　　$\Leftrightarrow$　$Q \lor (P \land Q)$　　　　（二重否定の法則）

　　　　　　　　　　　　　　$\Leftrightarrow$　$(T \land Q) \lor (P \land Q)$　（吸収法則）

　　　　　　　　　　　　　　$\Leftrightarrow$　$(T \lor P) \land Q$　　　　（分配法則）

　　　　　　　　　　　　　　$\Leftrightarrow$　$T \land Q$　　　　　　　（法則 (A.2)）

　　　　　　　　　　　　　　$\Leftrightarrow$　Q　　　　　　　　　（吸収法則）

　演習 1.2.　(1)　$(P \to (P \lor Q)) \land (\neg P \to \neg(P \lor Q))$

(2)　$P \lor \neg Q$　（途中は略）

(3)　$P \lor \neg Q$ と Q がともに真なので, 真理値表より P も真. よって, A も正直者である.

(4)　A の発言は $(P \to (\neg P \lor \neg Q)) \land (\neg P \to \neg(\neg P \lor \neg Q))$ と書ける. これを簡単にすると $P \land \neg Q$ となるので, B はウソつきである.

　演習 1.3.　(1)　$\forall X \in M_2(\mathbb{R}), \exists Y \in M_2(\mathbb{R}), XY = YX = E_2$

否定は $\exists X \in M_2(\mathbb{R}), \forall Y \in M_2(\mathbb{R}), (XY \neq YX) \lor (XY \neq E_2)$

(2)　$\forall \varepsilon \in \mathbb{R}_+, \exists n_0 \in \mathbb{N}, \forall n \in \mathbb{N}, \left(n \geq n_0 \ \to \ |a_n - \alpha| < \varepsilon \right)$

否定は $\exists \varepsilon \in \mathbb{R}_+, \forall n_0 \in \mathbb{N}, \exists n \in \mathbb{N}, (n \geq n_0) \land (|a_n - \alpha| \geq \varepsilon)$

　演習 1.4.

　　　$\exists a \in A, \ \forall b \in A, \ \exists c \in A, \ \forall d \in A, \ (a + b + c + d$ は 5 の倍数ではない$)$

否定は

　　　$\forall a \in A, \ \exists b \in A, \ \forall c \in A, \ \exists d \in A, \ (a + b + c + d$ は 5 の倍数である$)$

否定の命題が, 後手必勝を表していることをぜひ確認してほしい. ちなみに, 最初の命題が真であり, このゲームは先手が必勝である.

● 第 2 章

問題 2.a.　$A_2 = \{2, 4, 6, 8\}$,　$A_2 \cup A_3 = \{2, 3, 4, 6, 8, 9, 12\}$,　$A_2 \cap A_3 = \{6\}$,
$A_2 \setminus A_3 = \{2, 4, 8\}$,　$\bigcup_{i=2}^{4} A_i = \{2, 3, 4, 6, 8, 9, 12, 16\}$,　$\bigcap_{i=2}^{4} A_i = \varnothing$

問題 2.b.　A の任意の要素は整数なので，$\forall x, \big(x \in A \to x \in \mathbb{Z}\big)$ が真の命題であり，$A \subseteq \mathbb{Z}$ が成り立つ．一方で，任意の整数 $t \in \mathbb{Z}$ は $m = t, n = -t$ とすれば $t = 3m + 2n$ と書けるので $t \in A$ である．したがって，$\mathbb{Z} \subseteq A$ が成り立つ．これらより $A = \mathbb{Z}$ が示せた．

問題 2.c.　(1)　偽：反例は $A = B = \varnothing$, $C = \{1\}$ など．このとき，

$$(A \cap B) \cup C = \{1\} \neq \varnothing = A \cap (B \cup C)$$

(2)　真：まず，任意の $x \in (A \setminus B) \cup B$ に対し $x \in A \cup B$ を示す．

$$
\begin{aligned}
x \in (A \setminus B) \cup B \quad &\Leftrightarrow \quad (x \in A \setminus B) \vee (x \in B) && \text{（和集合の定義）}\\
&\Leftrightarrow \quad \Big((x \in A) \wedge \neg(x \in B)\Big) \vee (x \in B) && \text{（差集合の定義）}\\
&\Leftrightarrow \quad (x \in A) \vee (x \in B) && \text{（論理の変形）}\\
&\Leftrightarrow \quad x \in A \cup B && \text{（和集合の定義）}
\end{aligned}
$$

これで，

$$(A \setminus B) \cup B \subseteq A \cup B$$

が示された．（論理の変形の部分は，各自で確認してほしい.）

$A \cup B \subseteq (A \setminus B) \cup B$ であることは，上を逆にたどればわかる．（すべて同値な変形であったことに注意せよ.）

(3)　偽：反例は $A = C = \varnothing$, $B = \{1\}$ など．このとき，

$$A \cap B = \varnothing \subseteq \varnothing = A \cap C$$

だが $B \subseteq C$ ではない．

(4)　真：$A \subseteq B$ のときに，任意の $x \in A \setminus (B \setminus C)$ に対し $x \in C$ を示す．

$$
\begin{aligned}
x \in A \setminus (B \setminus C) \quad &\Leftrightarrow \quad x \in A \wedge \neg(x \in B \setminus C) && \text{（差集合の定義）}\\
&\Leftrightarrow \quad (x \in A) \wedge \neg\Big((x \in B) \wedge \neg(x \in C)\Big) && \text{（差集合の定義）}\\
&\Leftrightarrow \quad (x \in A) \wedge \Big(\neg(x \in B) \vee (x \in C)\Big) && \text{（ド・モルガンの法則）}\\
&\Rightarrow \quad (x \in B) \wedge \Big(\neg(x \in B) \vee (x \in C)\Big) && \text{（$A \subseteq B$ という仮定）}\\
&\Leftrightarrow \quad (x \in B) \wedge (x \in C) && \text{（論理の変形）}\\
&\Rightarrow \quad x \in C && \text{（法則 (A.5)）}
\end{aligned}
$$

これで $A \setminus (B \setminus C) \subseteq C$ が示された．

問題 2.d.

$x \in A \triangle B$

$\Leftrightarrow \ x \in (A \setminus B) \cup (B \setminus A)$ 　　　　　（対称差の定義）

$\Leftrightarrow \ \Big(x \in A \wedge \neg(x \in B)\Big) \vee \Big(x \in B \wedge \neg(x \in A)\Big)$ 　　（和集合の定義）

$\Leftrightarrow \ \Big(x \in A \vee x \in B\Big) \wedge \Big(x \in A \vee \neg(x \in A)\Big)$

　　　　$\wedge \Big(\neg(x \in B) \vee x \in B\Big) \wedge \Big(\neg(x \in B) \vee \neg(x \in A)\Big)$ 　（論理の変形）

$\Leftrightarrow \ \Big(x \in A \vee x \in B\Big) \wedge \Big(\neg(x \in B) \vee \neg(x \in A)\Big)$ 　（排中法則）

$\Leftrightarrow \ \Big(x \in A \vee x \in B\Big) \wedge \neg\Big(x \in B \wedge x \in A\Big)$ 　（ド・モルガンの法則）

$\Leftrightarrow \ x \in (A \cup B) \setminus (A \cap B)$ 　　　　（交換法則と差集合の定義）

これで $A \triangle B = (A \cup B) \setminus (A \cap B)$ が示された.

　問題 2.e.　任意の $(x,y) \in A \times (B \cup C)$ に対し $(x,y) \in (A \times B) \cup (A \times C)$ であること，およびその逆を示せばよい.

$(x,y) \in A \times (B \cup C)$

$\Leftrightarrow \ (x \in A) \wedge (y \in B \cup C)$ 　　　　（直積の定義）

$\Leftrightarrow \ (x \in A) \wedge (y \in B \vee y \in C)$ 　　　（和集合の定義）

$\Leftrightarrow \ (x \in A \wedge y \in B) \vee (x \in A \wedge y \in C)$ 　　（分配法則）

$\Leftrightarrow \ \Big((x,y) \in A \times B\Big) \vee \Big((x,y) \in A \times C\Big)$ 　（直積の定義）

$\Leftrightarrow \ (x,y) \in (A \times B) \cup (A \times C)$ 　　　（和集合の定義）

これで $A \times (B \cup C) = (A \times B) \cup (A \times C)$ が示された.

　問題 2.f.　誤っているものとその理由を示す.

(2) は誤り. 2^A の要素は集合だが，"2" は集合ではない.

(3) は誤り. A の要素は集合ではない.

(6) は誤り. 2^A は集合族なので，その部分集合も集合族である. $\{\{2\}\} \subseteq 2^A$ ならば正しい.

　問題 2.g.　(1)　$A \triangle B = \{3\}$

(2)　$A \times B = \Big\{(1,1),(1,2),(1,3),(2,1),(2,2),(2,3)\Big\}$

(3)　$B \times A = \Big\{(1,1),(1,2),(2,1),(2,2),(3,1),(3,2)\Big\}$

(4)　$2^A \setminus 2^B = \varnothing$

(5)　$2^B \setminus 2^A = \Big\{\{3\},\{1,3\},\{2,3\},\{1,2,3\}\Big\}$

(6) $\binom{B}{2} = \Bigl\{\{1,2\},\{1,3\},\{2,3\}\Bigr\}$

(4) では, $\varnothing$ と $\{\varnothing\}$ が異なることに注意せよ. 後者は $\varnothing$ だけからなる集合族である. 一方で, $\varnothing \in 2^A$ かつ $\varnothing \in 2^B$ なので, その差集合は $\varnothing$ を含まない.

問題 2.h.

$$|A \cup B \cup C \cup D|$$
$$= |A \cup B \cup C| + |D| - |(A \cup B \cup C) \cap D|$$
$$= |A| + |B| + |C| - |A \cap B| - |B \cap C| - |A \cap C|$$
$$\quad + |A \cap B \cap C| + |D| - |A \cap D| - |B \cap D| - |C \cap D|$$
$$\quad + |A \cap B \cap D| + |B \cap C \cap D| + |A \cap C \cap D| - |A \cap B \cap C \cap D|$$

問題 2.i. 例題 2.7 により,

$$q_n = \frac{n! - |A_1 \cup \cdots \cup A_n|}{n!} = \frac{1}{2!} - \frac{1}{3!} + \cdots + (-1)^n \frac{1}{n!}$$

である. また, e^x のマクローリン展開に $x = -1$ を代入すると,

$$\lim_{n \to \infty} q_n = e^{-1}$$

を得る.

問題 2.j. $i = 1, 2, 3$ に対し, p_i で割り切れる n 以下の自然数全体からなる集合を A_i とする. このとき, n と互いに素で n 以下の自然数の個数は $n - |A_1 \cup A_2 \cup A_3|$ である. また, $|A_i| = \frac{n}{p_i}$ $(i = 1, 2, 3)$ であり, さらに $|A_1 \cap A_2| = \frac{n}{p_1 p_2}$ などが成り立つ. したがって,

$$n - |A_1 \cup A_2 \cup A_3|$$
$$= n - (|A_1| + |A_2| + |A_3| - |A_1 \cap A_2|$$
$$\quad - |A_1 \cap A_3| - |A_2 \cap A_3| + |A_1 \cap A_2 \cap A_3|)$$
$$= n - \left(\frac{n}{p_1} + \frac{n}{p_2} + \frac{n}{p_3} - \frac{n}{p_1 p_2} - \frac{n}{p_1 p_3} - \frac{n}{p_2 p_3} + \frac{n}{p_1 p_2 p_3} \right)$$
$$= n \left(1 - \frac{1}{p_1} \right) \left(1 - \frac{1}{p_2} \right) \left(1 - \frac{1}{p_3} \right) = \phi(n)$$

となる. また, $4725 = 3^3 \cdot 5^2 \cdot 7$ であるので,

$$\phi(4725) = 3^3 \cdot 5^2 \cdot 7 \left(1 - \frac{1}{3} \right) \left(1 - \frac{1}{5} \right) \left(1 - \frac{1}{7} \right)$$
$$= 3^3 \cdot 5^2 \cdot 7 \left(\frac{2 \cdot 4 \cdot 6}{3 \cdot 5 \cdot 7} \right)$$
$$= 3^2 \cdot 5 \cdot (2^4 \cdot 3) = 2^4 \cdot 3^3 \cdot 5 = 2160$$

である.

第 2 章の演習問題

演習 2.1. (1)　略

(2)　$A = C = \{1\}$, $B = D = \varnothing$ など.

(3)　$(A \cap C) \setminus B$ に対応する部分がすべて D に含まれていて, $\big((A \cap C) \setminus B\big) \setminus D$ に対応する部分がなかったことが問題である.

(4)　例えば図 A.1 参照.（特に, D の交わり方に注意.）A, B, C, D の交わり方の計 16 パターンすべてが領域として現れればよい.

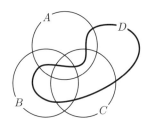

図 **A.1**　演習 2.1(4) の解答

演習 2.2. (1)　$\bigcup_{n=1}^{\infty} A_n = \{x \in \mathbb{R} : 0 \le x \le 1\}$.

(2)　任意の自然数 n に対し, $0 \in A_n$ である. したがって, $\{0\} \subseteq \bigcap_{n=1}^{\infty} A_n$ が成り立つ.

また, 任意の $x \in \bigcap_{n=1}^{\infty} A_n$ が $x \in \{0\}$, つまり $x = 0$ であることを示す. $x \neq 0$ であるとすると, 十分に大きな自然数 n が $\frac{1}{x} < n$ をみたすが, このとき $x > \frac{1}{n}$ なので $x \notin A_n$ となり, $x \in \bigcap_{n=1}^{\infty} A_n$ に矛盾する.（対偶を示した.）したがって, $\bigcap_{n=1}^{\infty} A_n = \{0\}$ が成り立つ.

演習 2.3.　集合 A, B に対し, $X = (A \setminus B) \cup (B \setminus A) = A \triangle B$ とおけば $A \triangle X = B$ である.

これは, 図 A.2 のように考えよう. A と X の対称差を B にしたいので, グレーの部分が B となる. そうすると B は 2 つの部分からなるが, 中央の白い部分が $A \setminus B$ で, 右側のグレーの部分が $B \setminus A$ であるので, $X = (A \setminus B) \cup (B \setminus A)$ とすればよい.

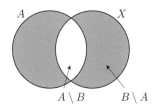

図 **A.2**　演習 2.3 の解答

演習 2.4. この問題は，次が証明となっているように思える．

[証明？]　$A = B$ を示したいが，A と B が対称的なので，「任意の $x \in A$ に対し，$x \in B$」が示せればよい．ここで，<u>$y \in C$ に対し</u>，直積 $A \times C$ の元 (x, y) を考える．$A \times C = B \times C$ なので $(x, y) \in B \times C$ であるが，直積の定義より $x \in B$ である．よって $A = B$ が示せた．

　一見正しそうだが，下線部の「$y \in C$ に対し」の部分が正しくなく，$C = \varnothing$ のときは $y \in C$ を選ぶことができない．実際に，そのときに反例ができる．「$A = C = \varnothing$ かつ $B = \{1\}$」が反例の 1 つである．このとき，$A \times C = B \times C = \varnothing$ だが，$A \neq B$ である．次の命題ならば真となる．

　　任意の集合 A, B, C に対し，$A \times C = B \times C$ かつ $C \neq \varnothing$ ならば，$A = B$ である．

演習 2.5. 9 個の球を並べる方法の総数は $\frac{9!}{3! \times 3! \times 3!}$ 通りである．そのうちで，赤球が 3 個連続する並べ方全体からなる集合を R とおくと，$|R| = \frac{7!}{3! \times 3!}$ である．同様に，青球が 3 個連続する並べ方全体からなる集合 B と黄球が 3 個連続する並べ方全体からなる集合 Y に対しても，$|B| = |Y| = \frac{7!}{3! \times 3!}$ である．また，$|R \cap B| = |B \cap Y| = |R \cap Y| = \frac{5!}{3!}$ であり，さらに $|R \cap B \cap Y| = 3!$ である．ゆえに，包除原理より，

$$|\overline{R \cup B \cup Y}| = \frac{9!}{3! \times 3! \times 3!} - 3\frac{7!}{3! \times 3!} + 3\frac{5!}{3!} - 3! = 1314$$

なので，1314 通りである．

● **第 3 章**

問題 3.a.　(1)　終域の任意の要素 $y \in \mathbb{Z}$ に対し，$x = y - 5 \in \mathbb{Z}$ が定義域に存在して $f(x) = y$ となるため，f は全射である．また，定義域の任意の要素 x, x' に対し，$x \neq x'$ のとき，$f(x) = x + 5 \neq x' + 5 = f(x')$ なので，f は単射でもある．

(2)　終域の要素 $1 \in \mathbb{N}$ に対し，$f(x) = x + 5 = 1$ となる $x \in \mathbb{N}$ は存在しない．（そのような x は $x = -4$ のみだが，$-4 \notin \mathbb{N}$ である．）したがって，f は全射ではない．一方で，(1) と同じ理由で f は単射である．

(3)　実際に計算すると，$f(0) = 1$, $f(1) = 2$, $f(2) = 0$, $f(3) = 0$, $f(4) = 2$ である．したがって，$f(x) = 3$ となる $x \in A$ が存在しないので全射ではなく，$f(1) = f(4) = 2$ なので単射でもない．

(4)　実際に計算すると，$f(0) = 1$, $f(1) = 2$, $f(2) = 4$, $f(3) = 3$, $f(4) = 0$ である．したがって，全単射である．

問題 3.b.　(1)　$(f_{23} \circ f_{12})(1) = f_{23}\Big(f_{12}(1)\Big) = f_{23}(2) = 3$.
同様にして，$(f_{23} \circ f_{12})(2) = 1$ かつ $(f_{23} \circ f_{12})(3) = 2$ である．

(2)　$g(1) = 2$, $g(2) = 3$, $g(3) = 1$

(3)　$g^{-1}(1) = 3$, $g^{-1}(2) = 1$, $g^{-1}(3) = 2$

問題 3.c.　(1)　偽である．

　例えば，$A = \{a, b\}$, $B = \{1\}$, $C = \{x\}$ に対し，$f(a) = f(b) = 1$, $g(1) = x$ とする

と，f は全射，かつ g は単射だが，合成写像 $g \circ f$ は単射ではない．

(2)　真である．

[証明]　写像 f が単射なので，任意の $a, a' \in A$ に対し，$a \neq a'$ ならば $f(a) \neq f(a')$ である．さらに，写像 g が単射なので，$g(f(a)) \neq g(f(a'))$ も成り立つ．これより $g \circ f$ も単射であることがわかる．　　　　　　　　　　　　　　　□

　　問題 3.d.　例えば，各 $x \in \mathbb{N}$ に対し，

$$f(x) = \begin{cases} -x + 1 & x \text{ が奇数} \\ x & x \text{ が偶数} \end{cases}$$

と定義される写像 f が，$\mathbb{N}$ から B への全単射となる．これらが全単射であることは各自で確認してほしい．

第 3 章の演習問題

　　演習 3.1.　(1)　$4^3 = 64$ 個．(2)　0 個．(3)　$4 \times 3 \times 2 = 24$ 個．

　　演習 3.2.　(1)　偽である．反例は，例えば，$A = \{a, b\}, B = \{1\}, X = \{a\}, Y = \{b\}$ で，$f(a) = f(b) = 1$ のとき，$f(X) = f(Y) = \{1\}$ なので $f(X) \cap f(Y) = \{1\}$ だが，$f(X \cap Y) = f(\varnothing) = \varnothing$ である．

　　なお，「任意の部分集合 $X, Y \subseteq A$ に対し，$f(X \cap Y) \subseteq f(X) \cap f(Y)$」ならば正しい命題である．（次の (2) の証明を見よ．）

(2)　真である．

[証明]　まず，$f(X) \cup f(Y) \subseteq f(X \cup Y)$ を示す．$a \in f(X) \cup f(Y)$ とする．

● $a \in f(X)$ のとき，$f(X)$ の定義より，ある $x \in X$ で $f(x) = a$ となる．つまり，ある $x \in X \cup Y$ に対し $f(x) = a$ なので，$f(X \cup Y)$ の定義より $a \in f(X \cup Y)$ が成り立つ．

● $a \in f(Y)$ のときも同様．

これで，$f(X) \cup f(Y) \subseteq f(X \cup Y)$ が示せた．次に，$f(X \cup Y) \subseteq f(X) \cup f(Y)$ を示す．$b \in f(X \cup Y)$ とすると，ある $x \in X \cup Y$ で $f(x) = b$ となる．$x \in X$ のとき $b = f(x) \in f(X)$ であり，$x \in Y$ のとき $b = f(x) \in f(Y)$ である．よって，どちらの場合でも $b \in f(X) \cup f(Y)$ が成り立つ．　　　　　　　　　□

　　演習 3.3.　(1)　真である．

[証明]　f が単射ではないとすると，ある $a, a' \in A$ に対し，$a \neq a'$ かつ $f(a) = f(a')$ となる．このとき，$(g \circ f)(a) = g(f(a)) = g(f(a')) = (g \circ f)(a')$ なので，$g \circ f$ が単射ではない．　　　　　　　　　　　　　　　□

(2)　偽である．例えば $A = \{a\}, B = \{1, 2\}, C = \{x\}$ で，$f(a) = 1$ かつ $g(1) = g(2) = x$ のとき，合成写像 $g \circ f$ は単射だが，g は単射ではない．

　　演習 3.4.　どちらの場合も，以下のように矛盾が起こる．

● $x_0 \in X$ のとき，X の定義より $x_0 \notin f(x_0)$ であるが，これは $x_0 \in X = f(x_0)$ に矛盾する．

● $x_0 \notin X$ のとき，X の定義より $x_0 \in f(x_0)$ であるが，これは $x_0 \notin X = f(x_0)$ に矛盾する．

● **第 4 章** ══════════════════════════════════════

問題 4.a. 同値関係の定義にある 3 つの条件をみたすことを示す.

(反射律) $x \in \mathbb{R}$ に対し, $x - x = 0$ が整数なので, $x \sim x$ である. したがって, 反射律は成り立つ.

(対称律) $x, y \in \mathbb{R}$ に対し, $x \sim y$ である, つまり $x - y$ が整数であると仮定する. このとき, $y - x = -(x - y)$ も整数なので, $y \sim x$ である. したがって, 対称律も成り立つ.

(推移律) $x, y, z \in \mathbb{R}$ に対し, $x \sim y$ かつ $y \sim z$ であると仮定する. すなわち, $x - y$ も $y - z$ も整数である. このとき, $x - z = (x - y) + (y - z)$ も整数なので, $x \sim z$ が成り立つ. したがって推移律は成り立つ.

これより, 二項関係 $\sim$ が同値関係だと示せた.

問題 4.b. $C_0 = \mathbb{Z}$ である. $C_0 \subseteq \mathbb{Z}$ と $\mathbb{Z} \subseteq C_0$ をそれぞれ示せばよい. 詳細は各自で確認してほしい.

問題 4.c. 分割の 3 条件のうち, 排反性と非空性は簡単に確かめられる. 一方で, $1 \in \mathbb{N}$ だが, 任意の素数 p に対し $1 \notin X_p$ であり, 被覆性が成り立たないため, $\{X_p : p$ は素数$\}$ は $\mathbb{N}$ の分割ではない.

実際には, $\{X_p : p$ は素数$\}$ は $\mathbb{N} \setminus \{1\}$ の分割である.

問題 4.d. $\{C_x : 0 \le x < 1\}$ が $\mathbb{R}$ の分割であること, つまり, 分割の 3 条件をみたすことを示す.

(被覆性) $\bigcup_{0 \le x < 1} C_x \subseteq \mathbb{R}$ は成り立つ. また, $y \in \mathbb{R}$ とする. $y \ge 0$ のときは, y の整数部分を $\lfloor y \rfloor$ と書いて, $x = y - \lfloor y \rfloor$ とすれば, $0 \le x < 1$ であり, $x - y = -\lfloor y \rfloor$ が整数なので $x \sim y$ もみたし, $y \in C_x$ が成り立つ. $y < 0$ のときも同様である. したがって, $\mathbb{R} \subseteq \bigcup_{0 \le x < 1} C_x$ が成り立つ.

(排反性) $0 \le x < x' < 1$ とする. $C_x \cap C_{x'} \ne \varnothing$ と仮定して, $y \in C_x \cap C_{x'}$ とする. このとき, $x \sim y$ かつ $x' \sim y$ なので, 対称律と推移律より $x' \sim x$ である. つまり, $x' - x$ は整数だが, 一方で, $0 \le x < x' < 1$ より $0 < x' - x < 1$ なので, $x' - x$ は整数ではない. この矛盾より, $C_x \cap C_{x'} = \varnothing$ が示せた.

(非空性) 反射律より, $x \in C_x$ となることからわかる.

以上より, $\{C_x : 0 \le x < 1\}$ が $\mathbb{R}$ の分割であることが示せた.

問題 4.e. 半順序集合の定義にある 3 つの性質を確認する.

(反射律) $x \in A$ に対し, $x - x = 0 \in \{0, 2, 3, 4, 5\}$ なので $x \preceq x$ である. よって反射律は成り立つ.

(反対称律) $x, y \in A$ に対し, $x \preceq y$ かつ $y \preceq x$ であると仮定する. すなわち, ある $k, k' \in \{0, 2, 3, 4, 5\}$ に対し $y - x = k$ かつ $x - y = k'$ である. これを解くと $k = -k'$ が得られるが, $k \ge 0$ かつ $k' \ge 0$ であるので, $k = k' = 0$ である. これは $x = y$ を意味するので反対称律も成り立つ.

(推移律) $x, y, z \in A$ に対し, $x \preceq y$ かつ $y \preceq z$ であると仮定する. すなわち, ある $k, k' \in \{0, 2, 3, 4, 5\}$ に対し $y - x = k$ かつ $z - y = k'$ である. このとき, $z - x = (z - y) + (y - x) = k + k'$ が成り立つ. $k, k' \in \{0, 2, 3, 4, 5\}$ であることより,

$$z - x = k + k' \in \{t \in \mathbb{Z} : 0 \le t \le 10,\ t \ne 1\}$$

である. 一方で, $x, z \in A$ なので $x \ge 1$ かつ $z \le 6$ である. したがって $z - x \le 5$ が成り立つ. これらより,

$$z - x = k + k' \in \{t \in \mathbb{Z} : 0 \le t \le 5,\ t \ne 1\} = \{0, 2, 3, 4, 5\}$$

である. これは推移律が成り立つことを意味している.

問題 4.f. 半順序関係であることは今までと同様にして確認できる. ハッセ図は図 A.3 の通り.

問題 4.g. 図 A.4 の通り.

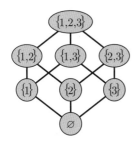

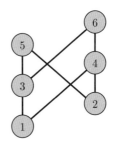

図 **A.3**　問題 4.f の解答　　　　　　図 **A.4**　問題 4.g の解答

問題 4.h. 最大元は存在しない. 極大元は 4 と 5. 最小元は 1. 極小元は 1 のみ.
図 A.5 は, 図 4.5 右のハッセ図から, X 以外の要素を消したものである. ただし, 推移律によって保証されている $1 \preceq 4$ という関係を示す線を追加することを忘れてはいけない. これを見れば, 上の解答は容易にわかるだろう.

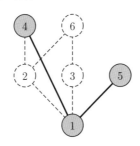

図 **A.5**　問題 4.h の図

問題 4.i. 上界と上限は存在しない. 下界は 1 と 2 で, その最大元の 2 が下限である.

第 4 章の演習問題

演習 **4.1.** 略.

演習 **4.2.** (1) 今までと同様にして示せるので略.

(2) $C_{(1,2)} = \{(x,y) \in X : \frac{x}{y} = \frac{1}{2}\}$ である. $(x,y) \in X$ に対し, $(1,2) \sim (x,y)$ が成り立つとする. このとき, $1 \times y = x \times 2$, つまり $\frac{x}{y} = \frac{1}{2}$ が成り立つので, $C_{(1,2)} \subseteq \{(x,y) \in X : \frac{x}{y} = \frac{1}{2}\}$ が示せた. 一方で, $(x,y) \in X$ が $\frac{x}{y} = \frac{1}{2}$ をみたすとき, $1 \times y = x \times 2$, つまり $(x,y) \in C_{(1,2)}$ が成り立つので, $\{(x,y) \in X : \frac{x}{y} = \frac{1}{2}\} \subseteq C_{(1,2)}$ が示せた.

(3) 各同値類 $C \in X/\sim$ に対し, $(x,y),(x',y') \in C$ とする. このとき, $(x,y) \sim (x',y')$, つまり $xy' = x'y$ が成り立つが, これは $\frac{x}{y} = \frac{x'}{y'}$ と変形できる. よって, $(x,y) \in C$ の選び方に依存せず $f(C) = \frac{x}{y}$ は一意に決まるので, f は写像となる.

また, 任意の $(x,y) \in X$ に対し, $y \neq 0$ なので $\frac{x}{y}$ は有理数となる. したがって, f は商集合 $X/\sim$ から $\mathbb{Q}$ への写像である.

(4) （全射性） 任意の $q \in \mathbb{Q}$ に対し, ある $C \in X/\sim$ が存在して $f(C) = q$ を示す. $q \in \mathbb{Q}$ とすると, ある整数 s,t $(t \neq 0)$ に対し $q = \frac{s}{t}$ と書ける. これは $(s,t) \in X$ を意味する. 商集合 $X/\sim$ は X の分割なので, ある $C \in X/\sim$ が (s,t) を含む. このとき, (3) より $f(C) = \frac{s}{t} = q$ が一意に決まる. これで全射性は示せた.

（単射性） $C, C' \in X/\sim$ が, $f(C) = f(C')$ をみたすならば $C = C'$ であることを示す. $C, C' \in X/\sim$ が $f(C) = f(C')$, つまり $(x,y) \in C$ と $(x',y') \in C'$ に対し, $\frac{x}{y} = f(C) = f(C') = \frac{x'}{y'}$ をみたすと仮定する. このとき, $xy' = x'y$ なので $(x,y) \sim (x',y')$ が成り立つ. 定理 4.4 (2) より $C = C'$ となるので, 単射性も示せた.

演習 **4.3.** まず, 関係 $\lhd$ が, X 上の半順序関係であることを示す.

[証明] （反射律） 1 つ目の条件より, 関係 $\lhd$ は反射律を明らかにみたす.

（反対称律） $\{a_n\}, \{b_n\} \in X$ に対し, $\{a_n\} \lhd \{b_n\}$ かつ $\{b_n\} \lhd \{a_n\}$ だが, $\{a_n\} \neq \{b_n\}$ と仮定する. このとき,

- ある自然数 m が存在して, $a_m < b_m$ かつ任意の $i > m$ に対し $a_i = b_i$ である.
- ある自然数 m' が存在して, $b_{m'} < a_{m'}$ かつ任意の $i > m'$ に対し $a_i = b_i$ である.

これらより $m = m'$ であるが, $a_m < b_m$ かつ $b_m < a_m$ は矛盾している. したがって, 反対称律もみたす.

（推移律） $\{a_n\}, \{b_n\}, \{c_n\} \in X$ に対し, $\{a_n\} \lhd \{b_n\}$ かつ $\{b_n\} \lhd \{c_n\}$ と仮定する. $\{a_n\} = \{b_n\}$ のとき, $\{a_n\} = \{b_n\} \lhd \{c_n\}$ が成り立つので, $\{a_n\} \neq \{b_n\}$ としてよい. 同様に $\{b_n\} \neq \{c_n\}$ としてよい. これより,

- ある自然数 m が存在して, $a_m < b_m$ かつ任意の $i > m$ に対し $a_i = b_i$ である.
- ある自然数 m' が存在して, $b_{m'} < c_{m'}$ かつ任意の $i > m'$ に対し $b_i = c_i$ である.

ここで, $M = \max\{m, m'\}$ とおくと, 任意の $i > M$ に対し $a_i = b_i = c_i$ が成り立つ.

以下，M の取り得る値によって 3 通りに場合分けをする．

- $M = m > m'$ のとき，$a_M < b_M = c_M$ が成り立つ．
- $M = m' > m$ のとき，$a_M = b_M < c_M$ が成り立つ．
- $M = m = m'$ のとき，$a_M < b_M < c_M$ が成り立つ．

いずれの場合でも $a_M < c_M$ なので，$\{a_n\} \lhd \{c_n\}$ が示せた．以上より，推移律も成り立つ．

これで関係 $\lhd$ が半順序関係であることが示せた．　　　　　　　　　　　□

一方で，例えば，任意の自然数 n で $a_n = 0, b_n = 1$ である数列 $\{a_n\}, \{b_n\}$ が完全律の反例となる．したがって，$\lhd$ は全順序関係ではない．

演習 4.4. $X \cap Y$ が $\{X, Y\}$ の下界であることと，下界全体からなる集合の最大元であることをそれぞれ示せばよい．

まず，$X \cap Y \subseteq X$ かつ $X \cap Y \subseteq Y$ なので，$X \cap Y$ が $\{X, Y\}$ の下界である．次に，$\{X, Y\}$ の任意の下界 Z に対し，$Z \subseteq X \cap Y$ を示す．Z が下界なので，$Z \subseteq X$ かつ $Z \subseteq Y$ が成り立つ．これより，$Z \subseteq X \cap Y$ である．

● 第 5 章

問題 5.a. 私以外の握手の回数は $0, 1, 2, 3, 4, 5, 6, 7, 8$ となり，握手の回数が最も多い人と最も少ない人が，順に夫婦になっていく．したがって，私と私の伴侶の握手の回数は 4 回である．

問題 5.b. どの 2 頂点も辺で結ばれているので，K_n の辺数は $\binom{n}{2} = \frac{1}{2}n(n-1)$ である．

問題 5.c. 異なる 3 頂点に対し，それを含むただ 1 つの三角形が決定されるので，三角形の総数は $\binom{n}{3}$ である．整数 k $(k \geq 3)$ に対し，長さ k の閉路を C_k と表し，K_n が持つ C_k の総数を求める．K_n から k 頂点選ぶと，その円順列の総数は $(k-1)!$ である．円順列の反対回りも同一の閉路に対応するので，C_k の総数は，

$$\frac{1}{2}\binom{n}{k}(k-1)! = \frac{n!}{2k(n-k)!}$$

である．

問題 5.d. $|E(K_{m,n})| = mn$.

問題 5.e. G は連結であるとしてよい．G の平面描画を考える．G は頂点数が 3 以上であり，かつ，三角形を含まないので，$2|E(G)| \geq 4|F(G)|$ である．これをオイラーの公式に代入して，$|F(G)|$ を消去すると求める式を得る．また，G の平均次数 $\overline{d}$ は，

$$\overline{d} = \frac{2|E(G)|}{|V(G)|} = 4 - \frac{8}{|V(G)|} < 4$$

である．ゆえに G は次数 3 以下の頂点を持つ．

問題 5.f. K_5 の頂点数と辺数はそれぞれ 5 と 10 である．これは K_5 が平面的であるとすると，命題 5.17 に反する．$K_{3,3}$ の頂点数と辺数はそれぞれ 6 と 9 である．$K_{3,3}$ は三角形を持たないことに注意すると，$K_{3,3}$ が平面的であるとすると問題 5.e に反する．

問題 5.g. (1) 染色数は 2 である. このグラフは 4 次元立方体グラフであり, 2-染色的である（第 5 章の演習 5.1 参照）.

(2) 染色数は 4 である.（外側の閉路が奇閉路なので, その部分で 3 色必要である. 中心の頂点にはそれらの 3 色以外の色を与える必要があり, 結果的に, このグラフは 3-彩色不可能である. 4-彩色可能であることは, 各自で確認してほしい.）

(3) 染色数は 4 である.（このグラフが 3-彩色可能であるとする. このとき, 外側の長さ 5 の閉路の彩色は, 対称性より, $1, 2, 1, 2, 3$ となるとしてよい. これにより, 中心の頂点の 5 つの近傍の彩色がある程度定まる. その 5 頂点に 3 色以上現れることが確認でき, 中心の頂点に与える色がない. したがって, 3-彩色不可能である. 4-彩色可能であることは, 各自で確認してほしい.）

問題 5.h. 頂点数 n に関する帰納法を用いる. 頂点数 1 の木は 1-彩色可能であるため, 頂点数 $n \geq 2$ の木を考える. T は次数 1 の頂点 v を持ち, $T' = T - v$ もまた木であるので, 帰納法の仮定により, T' は 2-彩色可能である. T' に v を付加して, T を復元しよう. 2-彩色された T' に v を戻すとき, v の唯一の近傍の色以外の色を v に与えることができ, G の 2-彩色を得る.

第 5 章の演習問題

演習 5.1. グラフ G_1, G_2, G_3 を図示すると, 図 A.6 のようになる. また,

$$B = \left\{ (a_1, \ldots, a_n) : \sum_{i=1}^{n} a_i \text{ が偶数} \right\}$$

$$W = \left\{ (a_1, \ldots, a_n) : \sum_{i=1}^{n} a_i \text{ が奇数} \right\}$$

とおくと, $B \cup W = V$ かつ $B \cap W = \varnothing$ である. また, B と W はともに独立であるため, 任意の自然数 n に対し, G_n は二部グラフである.

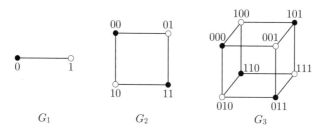

図 A.6 二部グラフ G_1, G_2, G_3

演習 5.2. どちらのマス目も奇点を持っているので, 定理 5.10 により, 始点と終点が一致する一筆書きはなく, 二度以上通る辺は 0 本にはならない. したがって, この問題は「マス目において, 最低で何本の辺を多重辺に置き換えることにより, すべての頂点の次数を偶数にできるか」を問うている.

5×5のマス目では，図 A.7 左のように，それぞれが 2 つの奇点を組にするように 8 本の辺を加えれば，すべての次数を偶数にできる．一方，奇点が 16 個あるので 8 本以上の追加が必要なこともわかる．したがって，8 本が最小である．

5×6のマス目では，図 A.7 右のように，11 本の辺を加えればすべての次数が偶数にできる．また，11 本の辺を加える必要があることも示せるが，それは各自で確認してほしい．

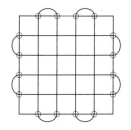 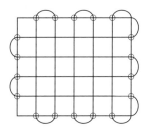

図 **A.7** 5×5と5×6のマス目

演習 5.3. $\chi(G) = k$ とし，G の k-彩色 $c : V(G) \to \{1, \ldots, k\}$ を考える．V_i を色 i が与えられた頂点全体からなる集合とおくと（$i = 1, \ldots, k$），任意の i に対し，$V_i \neq \varnothing$ である．（そうでなければ，G は $(k-1)$-彩色を持つことになり，$\chi(G) = k$ であることに反する．）また，任意の相異なる i, j に対し，V_i のある頂点と V_j のある頂点を結ぶ辺が存在する．（そうでなければ，$V_i \cup V_j$ に同色を与えることができ，$\chi(G) = k$ であることに反する．）したがって，

$$m \geq \binom{k}{2} = \frac{k(k-1)}{2}$$

である．（G が k 頂点の完全グラフのとき，等号が成立する．）これを k について解けば，所望の式が得られる．

演習 5.4. 長さ 3 の閉路がない平面グラフを G とおく．G の頂点数が 4 以下のとき，すべての頂点に異なる色を与えればよい．G の頂点数が大きいとき，問題 5.e により，G は次数 3 以下の頂点 v を含む．グラフ $G' = G - v$ も三角形を含まない平面グラフであるので，帰納法の仮定により，G' は 4-彩色可能である．G' に v を戻すとき，v の近傍には現れない色を選ぶことができ，G の 4-彩色を構成できる．

演習 5.5. $n = 3$ のとき，明らかに主張は成り立つ．$n \geq 4$ のとき，G は境界に含まれない辺 e を持つ．G は e を共有する 2 つの極大外平面グラフ G_1 と G_2 に分けられる．このとき，$|V(G_1)|$ が極小になるように e が選ばれたと仮定しよう．もし，$|V(G_1)| \geq 4$ であれば，G_1 は対角線 e' を持つことがわかり，e' は G の対角線でもあるので，G を e' で切断すれば，G_1 よりも小さい部分グラフを得ることになり，e の選び方に反する．したがって，$|V(G_1)| = 3$ であり，G_1 の頂点で e に含まれないものが次数 2 の頂点である．

● 第 6 章

問題 6.a. $A = \{1, \ldots, n\}$ の各要素 i の配置の方法が 3 通りであるため，答えは 3^n である．

問題 6.b. まず，1 つ目の公式により，小括弧の中を二項係数に置き換える：

$$|\mathcal{R}_n| = \sum_{k=1}^{n-2} \left\{ \sum_{j=1}^{k} \left(\sum_{i=1}^{j} i \right) \right\} = \sum_{k=1}^{n-2} \left(\sum_{j=1}^{k} \binom{j+1}{2} \right)$$

次に，小括弧の中のシグマを書き下す．最初に $\binom{2}{2} = \binom{3}{3}$ を代入し，問題にある 2 つ目の公式を次々と適用していくと，次が得られる．

$$\sum_{j=1}^{k} \binom{j+1}{2} = \binom{2}{2} + \binom{3}{2} + \binom{4}{2} + \binom{5}{2} + \cdots + \binom{k+1}{2}$$

$$= \binom{3}{3} + \binom{3}{2} + \binom{4}{2} + \binom{5}{2} + \cdots + \binom{k+1}{2}$$

$$= \binom{4}{3} + \binom{4}{2} + \binom{5}{2} + \cdots + \binom{k+1}{2}$$

$$= \binom{5}{3} + \binom{5}{2} + \cdots + \binom{k+1}{2}$$

$$= \cdots$$

$$= \binom{k+2}{3}$$

したがって，次を得る：

$$|\mathcal{R}_n| = \sum_{k=1}^{n-2} \binom{k+2}{3}$$

もう一度，同様の計算を行うと次のようになる．

$$|\mathcal{R}_n| = \binom{3}{3} + \binom{4}{3} + \binom{5}{3} + \cdots + \binom{n}{3} = \binom{n+1}{4}$$

問題 6.c. まず，計算で解答しよう．n 段三角格子において，上から k 段目に水平線 ℓ_k を引くと，ℓ_k 上にはちょうど k 個の格子点が含まれている．そして，そこから異なる 2 点を選ぶと，その 2 頂点を頂点とする上向き三角形がただ 1 つ定まる（図 A.8 参照）．

したがって，ℓ_k 上に底辺を持つ上向き三角形はちょうど $\binom{k}{2}$ 個ある．（なぜなら，ℓ_k よりも上にある各格子点は，それを一番上の頂点とし ℓ_k の一部を底辺とする三角形をちょうど 1 つ構成する．そのような格子点は，

$$1 + 2 + \cdots + (k-1) = \sum_{i=1}^{k-1} i = \binom{k}{2}$$

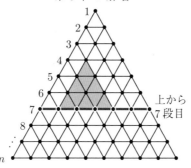

図 **A.8** k 段目に底辺を持つ上向き三角形 $(k = 7)$

個存在するからである.）ゆえに，求める上向き三角形の個数は次のようになる.

$$
\begin{aligned}
q_n &= \sum_{k=1}^{n} \binom{k}{2} = \frac{1}{2} \sum_{k=1}^{n} (k^2 - k) \\
&= \frac{1}{2} \left\{ \frac{1}{6} n(n+1)(2n+1) - \frac{1}{2} n(n+1) \right\} \\
&= \frac{1}{12} n(n+1) \{ (2n+1) - 3 \} \\
&= \frac{1}{6} (n+1)n(n-1) = \binom{n+1}{3}
\end{aligned}
$$

したがって，答えは $q_n = \binom{n+1}{3}$ である.（問題 6.b の解答と同様にすると，数列の和の公式を使うことなく計算できる.）

一方で，図 A.9 で示す対応を考えると，$q_n = \binom{n+1}{3}$ が直ちにわかる.

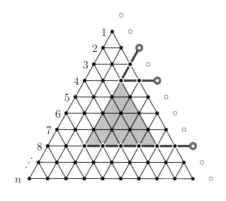

図 **A.9** 上向き三角形の決定

第6章の演習問題

演習 6.1. (1) L と $R_{p,q}$ の線分との交点の個数を数えよう．L は始点 s と終点 t 以外に，$R_{p,q}$ の $p-1$ 本の水平線分と $q-1$ 本の鉛直線分とそれぞれ交わる．また，p,q は互いに素であるから，L は点 s,t 以外で，$R_{p,q}$ の水平線分と鉛直線分の交点を通過しない．したがって，上で述べた L 上の $(p-1)+(q-1)$ 個の点はそれぞれ異なっている．点 s,t および L 上の $p+q-2$ 個の交点について，L 上でのそれぞれの区間が $R_{p,q}$ の各単位正方形と一対一対応となる．したがって，L と交わる単位正方形の個数は $p+q-1$ である．

(2) L が $R_{p,q,r}$ の壁と交差する回数を数えると，p,q,r はどの2数も互いに素だから，$p+q+r-3$ であり，これらに L の始点 s と終点 t を加えると，交点の個数は $p+q+r-1$ である．L 上の $p+q+r-1$ 個の点の各区間が，L と交わる単位立方体と一対一対応することから，L と交わる単位立方体の個数は $p+q+r-2$ である．

演習 6.2. 円上で，白点とそれと時計回りで隣り合う黒点を組にし，それらを $P_1,\dots,P_n$ とおく．勝手な交点 x を考えると，x はある2辺 e,e' の交点になっている．e が P_i と P_j を結ぶ辺であり，e' は P_s と P_t を結ぶ辺であるとする．まず，e と e' は交差しているので，$i \neq j$ かつ $s \neq t$ であり，さらに，$\{i,j\} \neq \{s,t\}$ である．したがって，$|\{i,j,s,t\}| = 3$ または $|\{i,j,s,t\}| = 4$ である．$|\{i,j,s,t\}| = 3$ のときは3つの交点が定まり，$|\{i,j,s,t\}| = 4$ のときは4つの交点が定まる（図 A.10 参照）．

したがって，

$$d_n = 3\binom{n}{3} + 4\binom{n}{4}$$
$$= 3\frac{1}{3!}n(n-1)(n-2) + 4\frac{1}{4!}n(n-1)(n-2)(n-3)$$
$$= \frac{1}{6}n(n-1)(n-2)\{3+(n-3)\}$$
$$= \frac{1}{6}n^2(n-1)(n-2)$$

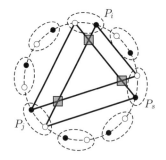
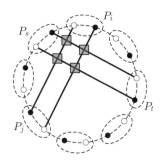

図 **A.10** 交点の選び方

● 第 7 章

問題 7.a.　(a)　正しい.　(b)　誤り.　(c)　正しい.　($C_0 = 2^{100}$ とすればよい.)

問題 7.b.　$i = 1, 2$ に対し, ある自然数 N_i と定数 $C_i > 0$ で, 任意の $n \geq N_i$ に対し, $|f_i(n)| \leq C_i|g_i(n)|$ が成り立つ. このとき, $N_0 = \max\{N_1, N_2\}$ かつ $C_0 = C_1 C_2$ とおくと, 任意の $n \geq N_0$ に対し,

$$|f_1(n) \cdot f_2(n)| = |f_1(n)| \cdot |f_2(n)| \leq C_1|g_1(n)| \cdot C_2|g_2(n)| = C_0|g_1(n) \cdot g_2(n)|$$

が成り立つ. これより, $f_1(n) \cdot f_2(n) = O(g_1(n) \cdot g_2(n))$ が示せた.

問題 7.c.　(1)　$\displaystyle\lim_{n \to \infty} \left| \frac{\sqrt{n^2 + n}}{n} \right| = 1$ なので, 正しくない.

(2)　任意の自然数 n に対し $2^n \leq 3^n$ なので, $2^n = O(3^n)$ は正しい. 一方で, $\displaystyle\lim_{n \to \infty} \left| \frac{3^n}{2^n} \right|$ は発散するので, $3^n = O(2^n)$ は誤っている. したがって, $2^n = \Omega(3^n)$ も $2^n = \Theta(3^n)$ も誤りである.

問題 7.d.　図 A.11 により, 7 つであり, $p_9 = 7$ がわかる.（これにより, 例題 7.7 の予想「$p_n = n - 3$」は $n = 9$ ですでに破綻している.）

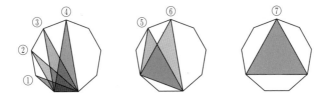

図 **A.11**　正九角形の頂点から定まる三角形

問題 7.e.　G_n の頂点, 辺, 無限面を含めた面全体からなる集合を V, E, F とおくと, $|V| - |E| + |F| = 2$ である. 例題 6.4 の結論より,

$$|V| = n + \binom{n}{4}$$

である. また, G_n の頂点のうち, 円上の頂点の次数は $n - 1$ であり, 直線分の交点においた頂点の次数は 4 である. 握手補題により,

$$2|E| = (n-1)n + 4\binom{n}{4}$$

である. したがって,

$$r'_n = |F| - 1$$
$$= |E| - |V| + 1$$
$$= \frac{1}{2}(n-1)n + 2\binom{n}{4} - \left(n + \binom{n}{4}\right) + 1$$

$$= \binom{n}{4} + \frac{1}{2}(n-1)(n-2).$$

である.

この問題には，一対一対応を用いた興味深い別解があるので，それも示しておく．

問題 7.e の別解　円上の n 点を，どの 2 つも高さが異なるように配置し，高さが最も高い点から $v_1, \ldots, v_n$ とラベルを与える（図 A.12 参照）．このとき，どの直線分 $v_i v_j$ も水平になっていないことに注意しよう．

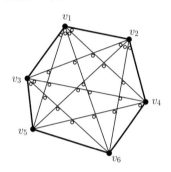

図 A.12　どの直線分 $v_i v_j$ も水平でない点 $v_1, \ldots, v_n$（$n = 6$）の配置

グラフ G_n の各有限面において，その内部の一番高い頂点に白丸を置く（図 A.12 参照）．すると，白丸の総数は G_n の有限面の数と一致する．一方，次数 4 の頂点 v には 4 つの有限面が接続しているが，v が一番高い点になっている面はただ 1 つであるので，v はちょうど 1 つの白丸を受け取る．また，v_1 は一番高い点であるので，v_1 に接続する $(n-2)$ 個の有限面すべてから白丸を受け取る．v_2 は $(n-2)$ 個の有限面が接続しているが，v_1 が v_2 より高い位置にあるため，辺 $v_1 v_2$ を含む面からは白丸を受け取らない．ゆえに，v_2 は $(n-3)$ 個の白丸を受け取る．以下，同様に v_i は $(n-i-1)$ 個の白丸を受け取る．ただし，$i = n$ のときは除く．これにより白丸の個数を数えると，

$$r'_n = \binom{n}{4} + (n-2) + (n-3) + \cdots + 1 = \binom{n}{4} + \frac{1}{2}(n-1)(n-2)$$

であり，前述の解答と一致する．

問題 7.f.　直線分の各交点に頂点を置いて得られる平面グラフを D_n とおき，D_n の頂点，辺，無限面を含めた面全体からなる集合を V, E, F とおく．問題 7.e と同様に，D_n の有限面の数 $|F| - 1$ を数える．

まず，オイラーの公式（定理 5.16）により，$|V| - |E| + |F| = 2$ である．第 6 章の演習 6.2 より，

$$|V| = 2n + \frac{1}{6}n^2(n-1)(n-2)$$

である．また，円上の各頂点の次数は n であり，直線分の交点に対応する頂点の次数は 4 であるので，握手補題により，

$$2|E| = n \cdot 2n + 4 \cdot \frac{1}{6}n^2(n-1)(n-2)$$

である．したがって，

$$
\begin{aligned}
|F| - 1 &= |E| - |V| + 1 \\
&= \left\{ n^2 + \frac{1}{3}n^2(n-1)(n-2) \right\} - \left\{ 2n + \frac{1}{6}n^2(n-1)(n-2) \right\} + 1 \\
&= \frac{1}{6}n^2(n-1)(n-2) + (n-1)^2
\end{aligned}
$$

である．

　この事実は，一対一対応の考え方でも確認できる．簡単のため，n 個の黒頂点 $b_1, \ldots, b_n$ と n の白頂点 $w_1, \ldots, w_n$ が，高さが $b_1, w_1, w_2, b_2, b_3, w_3, w_4, b_4, \ldots$ の順となるように配置されているとする．問題 7.e の別解のように，各面において，一番高い頂点のところに「×」を置く（図 A.13 参照）．

　第 6 章の演習 6.2 より，D_n の次数 4 の頂点は $\frac{1}{6}n^2(n-1)(n-2)$ 個存在し，それぞれはただ 1 つの × を受け取る．b_i, w_i については次のように考えられる．

- b_1 には $(n-1)$ 個の有限面が接続し，それぞれから 1 つずつ，合計 $(n-1)$ 個の × を受け取る．
- w_1 は，辺 $b_1 w_1$ を含む有限面を除き，$(n-2)$ 個の有限面から × を受け取る．
- w_2 は，辺 $b_1 w_2$ を含む有限面を除き，$(n-2)$ 個の有限面から × を受け取る．
- b_2 では，直線分 $w_1 b_2, w_2 b_2$ を含む有限面を除き，$(n-3)$ 個の有限面から × を受け取る．

このように考えると，$b_1, w_1, w_2, b_2, b_3, w_3, w_4, b_4, \ldots$ が受け取る × の個数は

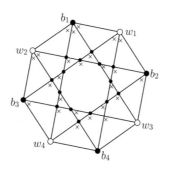

図 **A.13**　D_n の一例．各面の最も高い角に × を置く．

$$\{(n-1)+(n-2)\}+\{(n-2)+(n-3)\}+\cdots+(2+1)+(1+0)$$
$$= (2n-3)+(2n-5)+\cdots+3+1 = (n-1)^2$$

である．したがって，

$$|F|-1 = \frac{1}{6}n^2(n-1)(n-2)+(n-1)^2$$

となる．

問題 7.g. 木 T_k^m の頂点数は $\Theta(m2^k)$ であり，根から次数 1 の頂点までの距離は $k(m+1)$ である．したがって，T_k^m を領域 $R_{(m+1)k}$ に埋め込む必要がある．m を定数と見ると，T_k^m の頂点数は $\Theta(2^k)$ であり，$R_{(m+1)k}$ の格子点の個数は $O(k^2)$ であるので，以下が結論である．

　　　任意の自然数 m に対し，ある自然数 $N(m)$ が存在し，任意の $k \geq N(m)$ に
　　　対し，T_k^m は格子点に埋め込めない．

一方で，次のことも成り立つが，その理由は各自で考えてほしい．

　　　任意の自然数 k に対し，ある自然数 $M(k)$ が存在し，任意の $m \geq M(k)$ に対
　　　し，T_k^m は格子点に埋め込める．

問題 7.h. t 個の数によるトーナメントで，小さい数が勝ち上がるものを考えよ．優勝した数が，t 個の数の中で最小のものである．優勝が決まるまでに，数の比較が $t-1$ 回行われる．

問題 7.i. 最初に 2 枚コインを選び，天秤で重さを比較する．どちらかに傾いた場合は，軽い方が偽物とわかるので，つりあった場合を考えよう．その場合には，比較した 2 枚が両方とも本物である．残りの $N-2$ 枚は，同じように 2 枚ずつ比較することで，天秤を合計 $\lceil \frac{N}{2} \rceil = O(N)$ 回使うことで偽物が見つけられる．（$\lceil \frac{N}{2} \rceil$ で，$\frac{N}{2}$ の小数点以下の切り上げを表す．）

　　しかし，次のように行えば，天秤の使用回数のオーダーを改善できる：最初にほぼ $\frac{N}{3}$ 枚ずつに三等分し，それぞれのグループを A, B, C とする．特に，A と B のコインの枚数は同じであるようにしよう．そして，A と B の重さを天秤で比較する．どちらかに傾いたならば軽い方に偽物があり，つりあったならば C に偽物がある．いずれの場合でも，偽物の候補をおおよそ $\frac{N}{3}$ 枚に絞ることができる．これを繰り返すと，毎回，偽物の候補が $\frac{1}{3}$ ずつに減るので，天秤を $O(\log_3 N)$ 回使うことで偽物が見つけられる．（対数関数の底の変換公式を用いると，$\log_3 N = O(\log_2 N)$ なので，$O(\log_2 N)$ と書いても構わない．）

第 7 章の演習問題

演習 7.1. $\sum_{i=1}^{n} i^{100} = O(n^{101})$ と $\sum_{i=1}^{n} i^{100} = \Omega(n^{101})$ をそれぞれ示せばよい．まず，$1 \leq i \leq n$ において，$i^{100} \leq n^{100}$ が成り立つため，$\sum_{i=1}^{n} i^{100} \leq \sum_{i=1}^{n} n^{100} = n^{101}$ であり，$\sum_{i=1}^{n} i^{100} = O(n^{101})$ がわかる．

また，$i \geq \frac{n}{2}$ に対し，$i^{100} \geq \left(\frac{n}{2}\right)^{100} = \frac{n^{100}}{2^{100}}$ が成り立つため，n が偶数のとき，

$$\sum_{i=1}^{n} i^{100} > \sum_{i=\frac{n}{2}}^{n} i^{100} \geq \sum_{i=\frac{n}{2}}^{n} \frac{n^{100}}{2^{100}} \geq \frac{n^{101}}{2^{101}}$$

である．n が奇数のときも同じことが成り立つ．これより，$N_0 = \frac{n}{2}$ かつ $C_0 = \frac{1}{2^{101}}$ として，$\sum_{i=1}^{n} i^{100} = \Omega(n^{101})$ が示せた．

演習 7.2. (1)　横長の 1×2 は，左側のマスが置ける場所が $n(n-1)$ マスある．縦長のものも同じだけあるので，$f_1(n) = 2n(n-1) = \Theta(n^2)$ である．

(2)　横長の $1 \times \sqrt{n}$ は，(1) と同じように考えれば，左側のマスが置ける場所が $n(n-\sqrt{n})$ マスある．よって，$f_2(n) = 2n(n-\sqrt{n}) = \Theta(n^2)$ である．

(3)　(2) と同様にして，$f_3(n) = 2n \times \left(n - (n - \sqrt{n})\right) = 2n\sqrt{n} = \Theta(n^{\frac{3}{2}})$ である．

(4)　正方形は 1×1 のものが n^2 個，2×2 のものが $(n-1)^2$ 個，3×3 のものが $(n-2)^2$ 個，$\cdots$，1×1 のものが 1 個存在する．これを合計すれば，$f_4(n) = \sum_{i=1}^{n} i^2 = \Theta(n^3)$ がわかる．

(5)　長方形は，縦の $(n+1)$ 本の線のうちの 2 本と横の $(n+1)$ 本の線のうちの 2 本をそれぞれ選ぶことで 1 つ決まる．したがって，$f_5(n) = \binom{n+1}{2}^2 = \Theta(n^4)$ である．

演習 7.3. (1)　例えば $f(n) = n$，$g(n) = n+1$ のとき，$f = O(g)$ かつ $g = O(f)$ であるが，$f \neq g$ である．したがって，反対称律が成り立たない．

(2)　同値関係の 3 つの条件を確かめればよい．詳細は省略する．

(3)　$f_1, f_2 \in D$，$g_1, g_2 \in D'$ とし，$f_1 = O(g_1)$ とする．このとき，$f_1 = \Theta(f_2)$ および $g_1 = \Theta(g_2)$ であることより $f_2 = O(g_1)$ と $f_1 = O(g_2)$ が導ける．したがって，$f \in D$ と $g \in D'$ の選び方によらず $f = O(g)$ かどうかが定まるため，問題なく定義されている．

(4)　半順序関係の 3 つの条件を確かめればよい．詳細は省略する．

● **第 8 章**

問題 8.a. (1)　図 A.14 左の色分けを考えると，I 型タイルはグレーのマスを 0 マスか 2 マス覆うことがわかる．一方，10×10 のマス目のグレーのマスは 25 マスあるので，10×10 のマス目は I 型タイルでは敷き詰められない．

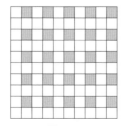 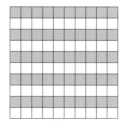

図 A.14　10×10 のマス目の色分け

(2)　10×10 のマス目を市松模様でグレーと白で色分けする．仮に 10×10 のマス目が凸型タイルで敷き詰められたとすると，各凸型タイルは

(a)　白いマスを 3 マスとグレーのマスを 1 マス覆う

(b)　白いマスを 1 マスとグレーのマスを 3 マス覆う

のいずれかになっている．今，10×10 のマス目には，白いマスとグレーのマスが 50 マスずつあるので，(a) のタイルと (b) のタイルの枚数は等しくなる．一方，タイルの枚数は $100 \div 4 = 25$ であり，それは不可能である．

(3)　10×10 のマス目を図 A.14 右のように色分けする．それ以降の議論は (2) と同じである．

　問題 8.b.　解答は略．実際に，4 つに分けることを何回か繰り返し，敷き詰めを見つけてほしい．

　問題 8.c.　$m \times n$ のマス目を白とグレーの市松模様に色分けする．このとき，m と n のどちらかは偶数なので，白いマスとグレーのマスの数は一致する．また，2 つのマス x, y を取り除いて，1×2 のタイルで敷き詰めるためには，x と y の色は異なる必要がある．

　x と y は色の異なる任意のマスを選ぶ．このとき，x, y を取り除いたマス目が 1×2 のタイルで敷き詰められることを以下に示す．

　$m \times n$ のマス目の各マスをちょうど 1 回ずつ通る経路 W を見つける（図 A.15 左参照）．この W に沿って進むと，2 色が交互に現れることに注意する．また，W から x, y を取り除くと，W は 2 つの道 W_1, W_2 に分かれる．ここで，x と y の色が異なるので，W_1 と W_2 のそれぞれにおいて，白いマスとグレーのマスの数は等しくなっている．W_1 と W_2 に沿って，1×2 のタイルを配置すればよい（図 A.15 右参照）．

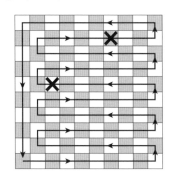 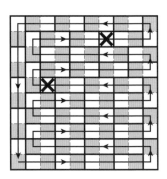

図 **A.15**　マス目の市松模様と経路 W（左），道に沿った敷き詰め（右）．

第 8 章の演習問題

　演習 8.1.　10×11 のマス目は，図 A.16 左のような敷き詰めを持つ．この敷き詰めにおいて，短 L 型タイルを 10 枚使っている．

　一方，図 A.16 右のように 10 × 11 のマス目を色分けすると，白いマスよりグレーの
マスが 10 マス多い．また，S 型タイルはどのように配置しても，白いマスとグレーのマ
スを 2 マスずつ覆う．ところが，短 L 型タイルはどちらかの色のマスを 1 マスだけ多く
覆う．したがって，短 L 型タイルは 10 枚以上必要である．

　これらより，必要な短 L 型タイルの最小の枚数は 10 であるとわかる．

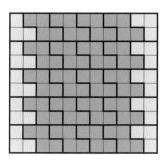 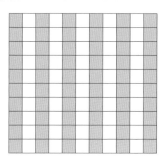

図 A.16　10 × 11 のマス目の敷き詰めと色分け

演習 8.2.　5 × 5 のマス目で，図 A.17 左に示す×の 9 マスを考える．短 L 型タイル
も S 型タイルも×のマスを高々 1 つ覆う．したがって，5 × 5 のマス目の敷き詰めには
9 枚以上のタイルが必要となるが，短 L 型タイルと S 型タイルはそれぞれ 3 マスと 4 マ
スを覆うので，9 枚のタイルは 3 × 9 = 27 マス以上を覆う．ところが，5 × 5 のマス目
には全部で 5 × 5 = 25 マスしかなく，敷き詰め不可能である．

　7 × 7 のマス目は図 A.17 右のように敷き詰められる．上と同様に 16 個の×のマスを
考えると，7 × 7 のマス目の敷き詰めに 16 枚以上のタイルが使われる．しかしながら，
全部で 7 × 7 = 49 マスであるから，タイルは 17 枚以上にはならず，ちょうど 16 枚のタ
イルが使われることがわかる．これらの 16 枚のタイルがすべて短 L 型ならば，それらが
覆うのは 3 × 16 = 48 マスである．一方，全部で 7 × 7 = 49 マスだから，49 − 48 = 1
が S 型タイルの枚数となる．

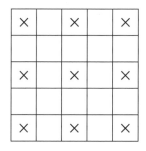 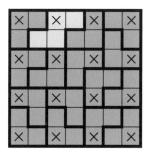

図 A.17　5 × 5 のマス目の色分けと 7 × 7 の敷き詰め

● **第9章** ══════════════════════════════════════

問題 9.a. (1) 13 人. (2) 7 回.

問題 9.b. 例えば，$10, 11, 12, 13, 14, 15$ を考えると，どの 2 数についても，和も差も 10 の倍数にはなっていない．（これらの 6 つの数が例題 9.2 で準備した 6 つの箱に 1 つずつ入ることを確認せよ．）

問題 9.c. 椅子取りゲームの要領で，1 つずつずれて k 回目に，自分の椅子が目の前にくる生徒の数を p_k とおく．はじめはどの生徒も自分の椅子の前にいないため，$p_0 = 0$ である．また，n 回ずれると元の状態に戻るので，$p_n = p_0 = 0$ である．各生徒には自分の椅子があるので，$p_1 + \cdots + p_{n-1} = n$ である．したがって，鳩の巣原理により，ある k について，$p_k \geq 2$ である．

問題 9.d. 「どの隣り合う 3 数も和が 18 以下」となるような並べ方が存在するならば，$2, 3, 4, 5, 6, 7, 8, 9, 10$ の 9 個の数が，3 つのグループ A, B, C で，どのグループの和もちょうど 18 になるように分割できるはずである．

実際に，

$$A : \{3, 7, 8\}, \quad B : \{4, 5, 9\}, \quad C : \{2, 6, 10\}$$

という分割があり，さらに，それらを図 A.18 のように配置すると，どの隣接 3 数の和も 18 以下になっている．（このとき，A の端の数と B の 2 数からなる隣り合う 3 数などについても，和が 18 以下であることにも注意せよ．）

ゆえに，円上の 1 から 10 までの 10 個の数の並べ方で，隣り合うどの 3 数の和も 18 以下であるものが存在する．

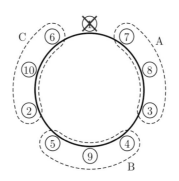

図 A.18 どの隣り合う 3 数の和も 18 以下となる
$1, \ldots, 10$ の並べ方

問題 9.e. 例題 9.8 により，少なくとも 1 個は単色の三角形が存在する．その頂点を a, b, c とおき，3 辺は黒で塗られているとする．今，a, b, c 以外の頂点 x に対し，例題 9.8 と同じ議論を行うと，x に接続する同色辺 xu, xv, xw に着目することにより，x, u, v, w からなる K_4 に単色の三角形を見つけることができる．その三角形が abc と異なれば，2

つの単色の三角形が発見できたことになる．一致するときは，uvw と abc が同一の三角形であり，x は a, b, c と青辺で結ばれている．同様にして，残りの 2 頂点 y, z も a, b, c と青辺で結ばれているとしてよい．このとき，xy, yz, zx のいずれかが青辺ならば，それに a, b, c の 1 つを追加して青い三角形が見つかる．そうでなければ，xyz が第 2 の黒い三角形である．

問題 9.f. K_5 の頂点 v で，v に接続する同色辺が 3 本以上となるものが存在すれば，例題 9.8 の解答と同様の議論により，単色の三角形が見つかる．したがって，K_5 のどの頂点にも 2 本の黒辺と 2 本の青辺が接続しているとしてよい．ゆえに，黒辺のみからなる部分グラフ G_1 はいくつかの閉路になっているはずであるが，各閉路の長さは 3 以上であるので，G_1 は長さ 5 の閉路である．青辺のみからなる部分グラフ G_2 についても同様である．

問題 9.g. 任意の自然数 m に対し，$n, n-1, \ldots, n-m+1 \leq n$ かつ $m, m-1, \ldots, 2 \geq 2$ なので，次が成り立つ．

$$\binom{n}{m} = \frac{n(n-1)\cdots(n-m+1)}{m!} \leq \frac{n^m}{2^{m-1}}$$

問題 9.h. (1) x_i, y_i のそれぞれの最小値は 1，最大値は $k-1$ 以下である．したがって，組 (x_i, y_i) は高々 $(k-1)^2$ 通りの可能性しかない．

(2) $N = (k-1)^2 + 1$ なので，鳩の巣原理により，ある $1 \leq i < j \leq N$ に対し，$(x_i, y_i) = (x_j, y_j)$ が成り立つ．ここで，次の 2 つの可能性のそれぞれで矛盾を得る：

- $a_i < a_j$：このとき，「項数が x_i で a_i で終わる増加部分列」の最後に a_j を加えると，「項数が $x_i + 1$ で a_j で終わる増加部分列」が得られる．これは $x_j = x_i$ に矛盾する．
- $a_i > a_j$：このとき，「項数が y_i で a_i で終わる減少部分列」の最後に a_j を加えると，「項数が $y_i + 1$ で a_j で終わる減少部分列」が得られる．これは $y_j = y_i$ に矛盾する．

問題 9.i. 例えば，3, 2, 1, 6, 5, 4, 9, 8, 7 には 4 項からなる増加部分列も，4 項からなる減少部分列のどちらも存在しない．（これを拡張すると，一般の自然数 k に対し，$1, 2, \ldots, (k-1)^2$ の並べ方で，k 項からなる増加部分列も，k 項からなる減少部分列のどちらも存在しないものを構成できる．）

第 9 章の演習問題

演習 9.1. 格子点 p に対し，次の 4 つの箱 S_1, S_2, S_3, S_4 を準備する：

S_1 : p の x 座標が偶数，かつ，y 座標が偶数．
S_2 : p の x 座標が偶数，かつ，y 座標が奇数．
S_3 : p の x 座標が奇数，かつ，y 座標が偶数．
S_4 : p の x 座標が奇数，かつ，y 座標が奇数．

鳩の巣原理により，5 つの格子点 p_1, p_2, p_3, p_4, p_5 のうち，ある 2 つの点 p_i, p_j は同一の箱 S_k に入る．このとき，$p_i = (x_i, y_i)$ と $p_j = (x_j, y_j)$ が同一の箱に入っているので，x_i と x_j の偶奇は等しく，y_i と y_j の偶奇も等しい，p_i と p_j の中点 M の座標は，

$$M = \left(\frac{x_i + x_j}{2}, \frac{y_i + y_j}{2} \right)$$

であり，M は格子点となる．

演習 9.2. (1) 例えば，$501, 502, \ldots, 1000$.

(2) 自然数 n がある非負整数 m, k を用いて，$n = 2^m(2k+1)$ と表されているとする．$1 \leq n \leq 1000$ のとき，$k \in \{0, 1, \ldots, 499\}$ であるので，1000 以下の自然数から 501 個以上の数を選ぶと，鳩の巣原理より，ある 2 つの自然数 n_1, n_2（$n_1 < n_2$）で，ある非負整数 m_1, m_2, k に対し，

$$n_1 = 2^{m_1}(2k+1), \quad n_2 = 2^{m_2}(2k+1)$$

となる．このとき，

$$\frac{n_2}{n_1} = \frac{2^{m_2}(2k+1)}{2^{m_1}(2k+1)} = 2^{m_2-m_1}$$

であり，n_1 は n_2 を割り切る．

演習 9.3. 各頂点 v の次数は 16 なので同色（黒とする）の辺が 6 本接続している．それらを $vv_1, vv_2, vv_3, vv_4, vv_5, vv_6$ とおくと，各辺 v_iv_j は黒以外の 2 色のどちらかで塗られているとしてよい．（そうでなければ vv_iv_j が黒い三角形となる．）このとき，$v_1, v_2, v_3, v_4, v_5, v_6$ からなる K_6 に対し，例題 9.8 を適用せよ．

演習 9.4. まず，次の 2 つの状況 (a) と (b) を考える．

(a) K_9 のある頂点 v に黒い辺が 4 本接続しているとし，それらを vv_1, vv_2, vv_3, vv_4 とおく．v_1, v_2, v_3, v_4 のうちの 2 頂点を結ぶ黒辺があれば，v と合わせて黒い三角形が存在し，そうでなければ，その 4 頂点が青い K_4 を構成する．

(b) K_9 のある頂点 v に青辺が 6 本接続しているとし，それらを，

$$vv_1, \quad vv_2, \quad vv_3, \quad vv_4, \quad vv_5, \quad vv_6$$

とおく．$v_1, v_2, v_3, v_4, v_5, v_6$ からなる K_6 に対し例題 9.8 を適用すれば，その K_6 に黒い三角形か青い三角形が含まれるので，v と合わせて黒い三角形か青い K_4 が存在する．

したがって，どの頂点 v に対しても，(a) も (b) も起こらないと仮定してよい．ここで，K_9 の各頂点の次数が 8 であることに注意すると，どの頂点も 3 本の黒辺と 5 本の青辺と接続するが，これは黒辺のみで構成される K_9 の部分グラフが握手補題に矛盾する．これより，ある頂点 v で (a) か (b) が起こり，黒い三角形か青い K_4 が存在することが示せた．

● 第 10 章

問題 10.a. 先手は，まず右に 1 マス動かす．後手が上に移動させるならば同じだけ右に，後手が右に移動させるならば同じだけ上にそれぞれ移動させれば，先手が勝てる．

ゲーム 10.1 において，最初の石のかたまりが，6 個と 7 個の石からなるときを考えよう．ここで，6 個の石のかたまりから石を取り除くとき，問題 10.a のゲームではコマをその数だけ上に移動させ，7 個の石のかたまりから石を取り除くとき，コマをその数だけ右に移動させることにすると，この対応で，2 つのゲームが同等であることがわかる．

問題 10.b. (1) 例えば図 10.4 右において，3 手目に先手が①のすぐ上のマスにコ

マを置くと，その点対称の位置である②のすぐ下のマスに，後手はコマを置くことができない．

(2)　点対称ではなく，4×8 のマス目 2 つに分ける線を軸に線対称の位置にコマを置くことで，後手が勝てる．

(3)　先手が中央にコマを置けば，今度は点対称の戦略を使うことで先手が勝てる．

問題 10.c.　2 つの自然数 a, b がゼロ和であるための必要十分条件が $a = b$ であることから確認できる．

問題 10.d.　まず，問題の状況は，下のようにゼロ和ではない．

$$
\begin{array}{rclcccc}
11 & = & 1 & 0 & 1 & 1_{(2)} \\
12 & = & 1 & 1 & 0 & 0_{(2)} \\
13 & = & 1 & 1 & 0 & 1_{(2)} \\
+\ \ 15 & = & 1 & 1 & 1 & 1_{(2)} \\
\hline
 & & 0 & 1 & 0 & 1_{(2)}
\end{array}
$$

この状態から，適切に石を取り除いてゼロ和にしよう．まず，一番上の桁はすでに和がゼロなので，変える必要がない．一方で，2 桁目は和が 1 なので，この桁が 1 であるかたまりから石を取り除くことで 2 桁目を 0 にしよう．その際，3 桁目は和が 0 なのでその値を変えないように，4 桁目は和が 1 なので値を変えるようにすれば，ゼロ和となるだろう．この場合は，2 桁目が 1 である 12 個のかたまりから石を取り除いて $9 = 1001_{(2)}$ にすればよい．また，13 個のかたまりから石を取り除いて $8 = 1000_{(2)}$ にしてもよい．

問題 10.e.　(1)　問題 10.d の解答にある考え方を利用すればよい．2 進数での和を考えて，和が 0 ではない桁で一番上のものに注目する．その桁が 1 であるかたまりを 1 つ選び，そこから石を取り除くことにする．その際に，それ以降の桁も和が 0 になるように調整すればよい．詳細は，各自で確認してほしい．

(2)　ゼロ和の状態のとき，どのかたまりから石をいくつ取り除いても，どこかの桁で和が 0 にならないことが確認できる．詳細は，各自で確認してほしい．

問題 10.f.　最初に右に 3 マス移動させることで先手が勝てる．詳細は各自で確認してほしい．

問題 10.g.　自分の計算結果が 112〜999 になると，相手が 9 をかけることで負けてしまう．よって，自分の計算結果は 111 以下にすべきである．また，自分の計算結果が 56 以上ならば，相手が最小の 2 をかけても 112 以上となり，次で自分が勝てる．まとめると，自分は 56 以上 111 以下を作ればよい．そのように逆算を繰り返せば，最初に 6 をかければ先手が勝てることがわかる．（最初は 4 や 5 をかけてもよい．）

問題 10.h.　(1)　真似をする戦略を使えばよい．（問題 10.a にあるように，ゲーム 10.1 との関係も見てほしい．）

(2)　先手は「負」の右下のマスを選ぶ．後は (1) と同様にすればよい．

(3)　先手は，一番右下のマスを選ぶ．後は，「2 行目が 1 行目より 1 つ少ない」という状態を保つようにマスを選べばよい．

(4) の解答は各自で考えてほしい．

索　引

著者略歴

中本敦浩
なかもと あつひろ

1996年　慶應義塾大学大学院理工学研究科
　　　　後期博士課程修了, 博士（理学）
2016年　横浜国立大学大学院環境情報研究院 教授
専門・研究分野　離散数学・位相幾何学的グラフ理論
主要著訳書
『曲面上のグラフ理論』（共著）（サイエンス社, 2021）
『基礎数学力トレーニング』（共著）（日本評論社, 2003）

小関健太
お ぜき けん た

2009年　慶應義塾大学大学院理工学研究科
　　　　後期博士課程修了, 博士（理学）
2017年　横浜国立大学大学院環境情報研究院 准教授
専門・研究分野　離散数学・グラフ理論
主要著訳書
『曲面上のグラフ理論』（共著）（サイエンス社, 2021）
『IT Text 離散数学』（共著）（オーム社, 2010）

ライブラリ 新数学基礎テキスト＝**TK6**
ガイダンス 離散数学
──基礎から発展的な考え方へ──

2023 年 3 月 25 日 ©　　　　　初 版 発 行

著　者　中本敦浩　　　　発行者　森平敏孝
　　　　小関健太　　　　印刷者　小宮山恒敏

発行所　　株式会社　サイエンス社
〒151-0051　東京都渋谷区千駄ヶ谷1丁目3番25号
営　業 ☎(03)5474-8500(代) 振替 00170-7-2387
編　集 ☎(03)5474-8600(代)
FAX ☎(03)5474-8900

印刷・製本　小宮山印刷工業（株）
≪検印省略≫

ISBN 978-4-7819-1569-2

PRINTED IN JAPAN

サイエンス社のホームページのご案内
https://www.saiensu.co.jp
ご意見・ご要望は
rikei@saiensu.co.jp　まで.